阿一鮑魚天下第一

王亭之題

FORUM

富臨飯店

1977

阿一師徒與鮑魚

萬里機構

獲邀為楊貫一即將出版的新書《阿一師徒與鮑魚》寫序是我的榮幸,回想我倆四十多年的交往,不但令彼此成為好友,更令我有機會親眼目睹大師級廚神在廚藝及授徒方面的風範。

楊貫一對業界良多的貢獻早就耳熟能詳。他為人十分有擔當,記得當年我們組成的商會運作不太暢順,他即使人不在港亦即答應要求擔任主席,以穩定商會的發展。

我亦十分佩服這位憑煮鮑魚享譽飲食界的富臨飯店創辦人。他雖然半途出家,卻在過去幾十年成為御廚,並且將香港飲食界的美譽帶到世界各地;更一反「教識徒弟冇師傅」的世俗思想,樂意教導徒弟,至今徒弟多達約 300 名,每位徒弟皆尊敬這位師傅。他更與行家甚至競爭對手分享經驗與知識,證明他重視傳承,與一些收起自己秘方的師傅不同,在業界很難得,我敢說自己縱橫飲食業數十年從未見過。

總括而言,楊貫一對行業、對香港美食天堂、對中菜,以及對鮑魚烹煮的推廣不遺餘力,他竭誠地把美食帶到全世界,是積極對外唱好香港故事的先鋒,對香港有很大的功勞。

張宇人

很高興能夠為「富臨飯店」出版的《阿一師徒與鮑魚》一書寫序。

「富臨飯店」是我和家人光顧多年的老牌名店，是吃鮑魚的最好地方，有幸跟阿一師傅學做阿一炒飯、鹹魚炒蛋和煎雞髀等菜式，以及一起在電視熒光幕為公益金籌款，是很感恩的人生樂事。

「富臨飯店」是情味俱濃的名店，楊貫一從餐廳經理自學晉身成為天下第一的鮑魚大師，世界各地獲獎無數，是國際飲食界的傳奇。徒弟黃隆滔跟隨阿一師傅多年，傳承了師傅的精湛廚藝及做人之道，照顧師傅如家人般無微不至，現時獨當一面，成為飯店的三星行政大廚，可喜可賀。

祝願「富臨飯店」在阿一師徒、邱老闆、潘經理和所有員工齊心協力下，繼續擦亮「富臨飯店」這塊金漆招牌，讓我們繼續品嘗到天下第一的「阿一鮑魚」。

葉澍堃

非一般的師徒

富臨飯店在香港中餐頂級食肆寫下了經典，除了邱老闆及眾董事的努力經營之外，楊貫一大師的精湛廚藝和推動烹煮鮑魚技術功不可沒。我們常稱呼「一哥」，有時候反而忘記了他的真姓名，大家都知道他是「阿一鮑魚創始人」及「世界御廚」，當然還有這些年經常在一哥身邊出現的黃隆滔師傅（滔哥）。

楊貫一大師授予黃隆滔的親筆題字「阿滔鮑魚、師承阿一」，還有冠以「鮑魚太子」之名，可見一哥和滔哥之間，已經超越一般的師徒情誼。我常聽兄弟滔哥掛在口邊說他們之間好像一家人。常言道「一日為師、終身為父」，事實上這些年來無論在公、在私，滔哥都貼身的照顧師傅，陪伴出席大小活動和飲宴，我堅信滔哥已經做到了。

鮑魚是中餐廚師經常處理的食材，但大家都認為烹煮鮑魚是最困難，不同國家海域的鮑魚有不同質感，不同年份的鮑魚又有不同口感，單單認識鮑魚已有這麼多難度，所以要不斷的研究及嘗試。這方面更顯示一哥對處理鮑魚的決心、用心、恆心及克服困難之心，他真情地將技術和做人處事之道，傾囊授藝於入室弟子滔哥。

寄望滔哥能盡承師藝，將一哥鮑魚推向另一高峰，繼續帶領餐飲潮流，為香港「飲食天堂」美譽再展鋒芒！

許美德
群生飲食技術人員協會理事長

富臨飯店，馳名中外。楊貫一先生烹調鮑魚之技術，更加蜚聲國際。

有幸在年少的時候，跟隨先祖母梁伍少梅女士，經常前往富臨飯店品嘗。先祖母乃是一名要求甚高的食客，對食材、烹飪方法、招呼服務等等，都有極高的要求。有些不滿地方，會提出嚴厲批評。

楊先生對先祖母十分尊敬，每一次受到指責，他不慍不怒，總是以恭恭敬敬、十分謙虛的態度，聽取先祖母對富臨的意見，由此之故，令先祖母對他也由嚴至疼，遇上楊先生提出發展想法，先祖母也會盡心提供意見。

我還記得，當初楊先生告訴先祖母，他有機會到國外及內地表演烹調鮑魚，先祖母極力鼓勵楊先生前往，只因先祖母當時已估計到內地經濟發展潛力龐大。後來，先祖母感受到楊貫一先生的尊敬及富臨食物質素之進步，從此富臨飯店變成我家的飯堂，無論先祖母宴請客人，又或其他人邀請她，都一定在富臨飯店設宴。

楊先生每日中午落場後，都會到我們跑馬地的住宅，虛心聽取先祖母的教導。楊先生也經常和我媽媽及先祖母交流烹調鮑魚的心得。我還記得他有時候買到一些靚鮑魚，更加專誠送到跑馬地給先祖母品嘗和評價。

後來，先祖母的健康開始每況愈下，胃口也開始慢慢差下去。楊先生和他的同事，每天親自送一碗燕窩到跑馬地梁宅給先祖母作甜品。無論陰天、晴天、雨天；無論她在醫院或在家，每一日燕窩都會準時送到，直至先祖母仙遊。我們梁家，永遠都會記得楊先生對先祖母的尊敬和愛戴。

今年是富臨飯店 45 週年，多得邱兄邀請我提這個序。在此恭祝富臨飯店更上一層樓，有更多的 45 週年，讓香港、內地及全世界的人，都能夠品嘗到富臨飯店的鮑參翅肚、佳餚美點。

梁家駒醫生
香港東華學院醫療科學系法庭科學名譽教授

富臨飯店自 1974 年從一家粵式小菜館，一直發展至 2020 年摘下米芝蓮三星榮譽，過程絕對是不可思議。飯店扎根香港接近 50 載，當中必定經歷了很多高低跌盪，人、事、物也包含在內，當中含有不少故事。《阿一師徒與鮑魚》披露一些鮮為人知的趣聞，帶領大家走進一哥和阿滔的感情世界，讓大家慢慢探索。

讀書的時候，我主修電腦工程系科目，從未預料自己會毅然走進飲食行業，爾後一直工作至今。回想起兒時吃飯期間，至少得花上一小時才能完成整碗飯，於我而言在家裏吃飯總是好像受懲罰般，想吃得快都不可能。吃飯時總是像數飯粒般的速度，想拌入湯後倒進嘴裏可吃快一點，殊不知整碗飯浸得發脹更大碗，吃得更用力。以前不肯正經地吃東西，身形骨瘦如柴，廿歲時的體重只有一百磅，及至後來在工作過程中學會欣賞和珍惜食物，明白了「細嚼慢嚥」的真理，「吃飯」最終變成了我的終生工作。

在富臨工作，可從師傅一哥、明哥、阿滔及各同事身上學習到待人處事的學問，這裏是一所終身學習的學府場所，是一個充滿人情味的大家庭。「超越」、「自強不息」是我帶着富臨飯店走下去的理念，做到「獨一無二」、不「標奇立異」，不斷隨社會需要而進步。

P.S. 感激師傅建立富臨飯店的基礎，以及阿滔將富臨的傳承精神用心做好。

邱威廉
富臨飯店執行董事

富臨飯店執行董事邱威廉
邀請王亭之（談錫永上師），
為本書揮毫題字，
點出此書獨特之處。

目錄

第一章 *Chapter One* _____

「一哥」楊貫一 · 營業主帥變廚神

第二章 *Chapter Two* _____

一哥賞識黃隆滔 · 師徒結緣

Chapter One

「一哥」楊貫一・營業主帥變廚神

「要做好一件事，
就要堅持地做下去。」

~楊貫一

一哥與鮑魚，延續飲食傳奇。

1988年8月29日，富臨飯店由駱克道479號遷至同街485號的新店，隆重開業，標誌飯店進入新階段。後來店面左側鑲上「一哥」楊貫一用筷子夾起碩大的鮑魚，巴不得把它一口啖進嘴裏的趣怪照片，點出一哥、鮑魚、飯店三位一體的傳奇。2013年飯店遷往信和廣場，新章翻開，傳奇延續，一哥這幅啖鮑魚照片繼續懸於入口當眼處。

平日西裝筆挺的一哥，拍此照片時流露鮮見的鬼馬，可謂交足戲，圖博食客一粲。既非職業演員，那鬼馬多少帶點羞澀之色；然而，那羞澀之中，隱然流露的，正是上一輩人飽歷歲月風霜的甘苦痕跡。

貧童南下 ❋ 食界拼出頭

2009年初，「一哥」楊貫一重返睽違數十載的家鄉，情尋舊跡，景物不依舊，人面更全非，心下悵然。

一哥生於1932年，祖籍中山石岐，1948年隻身南下香港謀生。翌年曾回鄉探望摯愛的祖母，爾後腳步仍勤，及至祖母離世，有感至親相繼離去，這片誠為傷心地，往後多年未嘗踏足，直至這一回。物換星移，時移勢易，景貌早已不似當年，但塵跡撥開，細探之下，兒時的成長印記仍能細細碎碎的尋回：曾見證他受罰的老榕樹、父親的舊居仍在，但楊家祖屋已拆，當時他與兩個妹妹寄居祖母位於友善坊的住處亦已消失。

一哥原出身於大戶之家，太公當官，外公經營米業，父親自辦學校並出任校長。父親為他起名「貫一」，別有寓意，望他能「宜一以貫之」，做人要有宗旨。父親乃文人雅士，懂生活情趣，對飲食也考究，不時下廚做菜，像糖醋煎鯪魚等中山名菜，那滋味早蝕入一哥的記憶中，回味數十載。父親所弄的佳餚讓少年一哥學懂何謂滋味，進而知味，依循「不時不食」的選材不二法則，掏心炮製，才能成就美饌。從小結下美味情緣，累積的心得，往後便逐一授予徒弟，日後在富臨一直追隨他的黃隆滔指出：「一哥讀很多書，

吸收到的知識會告知後輩。他曾說，冬天可多選用深顏色的食材，菜式做得濃稠一點；夏季則多用淡顏色的材料，菜式做得清爽點。」如此民間智慧，實踐起來就成了大道理。

一哥與美食結下情緣，將心得授予徒弟黃隆滔。

徒步到港 ✻ 扎根飲食業

及後父母離異，一哥和兩個稚齡妹妹只能寄居祖母家。一哥從小品性純良，學習用功，在校成績良好，本以為由小學一直升讀中學。惟抗日戰火蔓延，1939年後，南方地區相繼告急，期間父親遭人暗算身亡，祖母帶着三個年幼的孫兒，生活捉襟見肘，無法撐持下去。迫不得已把他們送進救濟院。惟院內生活苦不堪言，天天挨飢抵餓，一年後兄妹三人重返祖母家，苦日子委實煎熬，兩個妹妹終因飢餓過度離世。一哥帶着傷痛倖存。

戰後，他與祖母一度以飼養乳鴿勉強維生。然而，時局風雲色變，前途莫測，祖母憂心忡忡的着他南下另謀出路。當時他唯一可以寄望的，僅友人在港工作的堂兄能為他開闢活路。1948年11月，捎着內藏一張破棉被和幾個光酥餅的簡單行囊，盤川少得不能再少，忍着傷痛闊別祖母南下。迢迢路遠，他赤足徒步前進，走了整整八句鐘抵達澳門，再轉船赴港。來港後前往找尋友人堂兄，對方雖是淺水灣酒店的經理，但對一哥謀職的請求，兩語三言便關上了門。活路找不成，猶幸得鄉里接濟，後來幸運地覓得大華飯店雜工一職，月薪30元。

1939年開業、位於中環皇后大道中華人行頂樓的大華飯店，乃當時首屈一指的川滬菜館。他充任小工，主責搬運

桌椅、擺放餐具及傳菜等粗活，跑進跑出，天天工作 15 小時，累得要命。飲食從業員沉淪嫖賭飲吹相當常見，他自勉必須潔身自愛，不煙不酒，只管勤勤懇懇工作。我不犯人，可惜人來犯我，曾被誤會失責，遭管工連環掌摑至鼻血也流出，他依然咬牙抵受，只因沒條件失業。從中他悟出必須忍耐、切忌衝動誤事的處世之道，免損前途。猶幸飯店上級欣賞他向來勤懇盡責，沒有解僱他。

學會忍耐外，亦逐漸掌握與人相處之道，待人以誠，深得客人喜愛。大華乃城中名店，知名人士不絕。其時內地時局動蕩，兼且上海商人南下開辦了大中華、永華、長城等影業公司，邀來滬上明星周璇、白光、李麗華來港拍片，她們亦偶爾亮相大華。對於在堂面勤快服務的年輕一哥，周璇亦留有印象，愛呼喚他「小孩、小孩」。另外，滬劇生角趙春芳眼見一哥努力讀書寫字，送他鋼筆以作鼓勵。一哥在閱讀、習字上，確實從未懈怠。

晉身名店 ✾ 攀管理階層

五十年代初，大華易主，一哥經介紹轉到尖沙咀新樂酒店中菜部，獲晉升樓面，對於款客之道，得到更多鍛煉機會。待人處事愈趨圓熟之餘，並於 1952 年成家立室。在新樂工作了六年，後轉到油麻地彌敦道 380 號的高華大酒樓。該酒樓於 1958 年 5 月 14 日開幕，位處於同日開幕的高華

大酒店二、三樓，為排場十足的貴氣食肆，他獲擢升部長，
職場上跨出一大步。五年後再轉到相對平民化的嘉頓酒樓，
只因有更優厚的薪金，更重要是職級再跳升，涉足管理工
作。但一哥不滿足於此，繼續上游，及至 1967 年，轉往
告羅士打大酒家擔任部長。

1964 年 1 月 12 日，位於中環告羅士打大廈九樓（即頂層）
的告羅士打大酒家開幕，為當時最華貴的中菜食府，報章
介紹指其內部裝修結合中西方藝術特色，禮堂可筵開百席。
就在一哥入職的前一年，英國瑪嘉烈公主伉儷訪港，華人

年輕時的一哥，除了學會忍耐，
也明白待人以誠的態度。

紳商亦於該酒家設歡迎宴。在此等高尚食府出任部長，無疑是職業生涯的里程碑，憧憬前方藍天白雲。

可惜天氣不似預期，驟來狂風暴雨，教他措手不及。以往曾共事的一位人員對他向有成見，此時亦任職此酒家，更聲言要「整」一哥，屢加挑釁。於此戰雲密佈的環境，一哥為求圓滿工作，顧及團隊合作，忍痛逆來順受，行事倍加小心，免留話柄。猶幸老闆明辨是非，看到他的實幹能力，及至該人士離職，一哥才有空間盡展所長，獲晉升營業部。

整段經歷被他形容為「噩夢」，卻讓他對世情看得更透徹，明白忍耐、謹慎行事的重要，並激發其鬥志，驅使他謀求另起爐灶，自營食肆。

一哥年青時多次獲晉升機會，待人處事漸趨成熟，讓他明白謹慎行事的重要性，為日後創業奠下基石。

鮑魚一絕 ✳ 美譽遍全球

1973 年香港出現股災，影響綿延至翌年。眾多投資者一鋪清袋，財富轉瞬化為烏有。所謂有危亦有機，心下正盤算創業的一哥，覷準這時候店舖租金下挫，認定乃自立門戶良機。1974 年 4 月 7 日，位於駱克道 479 號的富臨飯店開幕，立法會議員胡百全蒞臨剪綵。

尋常打工仔要創業，誠非易事，憑藉甚佳的人緣，一哥得到幾雙扶持的手。先是告羅士打大酒家一位熟客租下舖位，令創業有了基礎，最後組合六位股東之力，富臨才建立起來。富臨格局小巧，走中高檔路線，以紅燒乳鴿招徠，另銷售海鮮，可惜並不旺場，勉力經營。股東開始有意見，經過股權變動，一哥堅持經營，但生意依然未見起色，硬淨如他也一度氣餒，曾沮喪的對人言：「快要放棄不做了！」聞者正是另一位當年告羅士打的客人，對方深知一哥脾性，此番實屬賭氣話，於是投資購入該舖位，股權再作調整，業務繼續交一哥打理。富臨飯店遂於 1977 年重組，為今天的富臨翻開了新一章，現時店舖亦以這一年作為起步點，至 2022 年正好是 45 週年紀念。

「一哥」楊貫一・營業主帥變廚神

FORUM restaurant (1977) ltd
479. Lockhart Rd. H.K. Tel. 5-778386-8

上圖：富臨飯店位於駱克道舊址的開業盛況，與多家飯店相鄰，競爭激烈。

下圖：富臨飯店位於駱克道的第一家店，這是當年的火柴盒，並有富臨商標、地址及電話，非常珍貴。

業務阻滯 ❋ 夥計也欺侮

難關縱然跨過，但背後仍非坦途。一哥在起伏的路上蹣跚前進，生意沒有如變戲法般突飛猛進，甚而出現資金周轉困難，給員工發薪也有阻滯。人情冷暖，員工亦給他臉色看。作為主事人，忙上老半天張羅營運資金，回店後着廚房工友為他做一碟炒飯充飢，竟換來晦氣回應：「你自己炒啦！」一哥二話不説就自己來炒，轉瞬完成，色香味全。這個身影固然有動氣的成分，卻也在宣示能耐與毅力：做菜我幹得來，而且比你更優勝。對個人烹飪天分他充滿自信，且在業內打滾多年，經驗豐富，遂決定自行掌廚。

於是，他埋首構思了一系列精緻小菜，糅合傳統粵菜美味，特別是粗中帶細的中山家鄉菜，並加入點睛的創意改動，舊瓶新酒，相得益彰。可是，深具遠見如他，亦明白這只是小動作，難以帶動飯店來個有力翻身。富臨坐落的這段駱克道，前後有幾家中菜館，檔次略有差別，個別走相對高檔的路線，其門如市，有聲有色。他深思熟慮，發現採用高價食材，主力名貴菜式，盈利更豐厚，有助維持高水準，迎向日趨繁榮的經濟環境，才是往後的經營之道。至於高價食材，缺不了鮑參翅肚，最後他埋首鮑魚，並走出自己的路向。話説起來僅兩語三言，當中實走了漫長的一段路，且有高人從旁指點引路。

王亭之親筆提字——「阿一鮑魚，天下第一」。
一哥感激對方當年的提點，出謀獻策。

與一哥相交多年的王亭之，與「阿一鮑魚」淵源甚深。他
曾撰文憶述與一哥交往的點滴，提及八十年代初經常光顧
銅鑼灣敘香園，尤愛其小菜。富臨比鄰敘香園，王氏偶爾
愛轉口味，便移步富臨。當時富臨生意較遜，一哥便向他
請教如何突圍，王氏「感其誠，於是便為之度橋矣。」惟
念及若獻策力攻小菜，豈非「要富臨跟敘香園硬碰，此舉
非常不智，因此建議不如走另一條路線，專賣靚上湯、靚
鮑魚。」隨後他從旁教路，提出建議，如在上湯一環多下

苦功，並聯同文化圈名人潘懷偉、韋基舜輪流前來自費試味，啖出持續進步的味道。一哥歷經實踐終造出成果，有天在潘氏提議下，王亭之揮毫題字「阿一鮑魚，天下第一」，以示鼓勵，從此阿一鮑魚也成為終身招牌，閃亮門楣。王氏指出此乃「一九八五年的最大收穫……食者未有不讚好者」，數年後在另一文章概括，阿一鮑魚的貢獻，「在替香港造成一股聲勢，在南洋一帶，甚至在台灣，老饕輩皆耳其名，至於曾上北京揚名，則更成為新聞矣。」概略勾出阿一鮑魚美名遠播國境內外的歷程。[註1]

虛心鑽研 ✳ 鮑魚真經典

一哥曾表示：「鑽研炮製鮑魚，花上三年時間。」回溯起初飯店生意仍未見起色，但研製鮑魚須以真材實料實踐，於是掏盡積蓄購入鮑魚，好比押注碼在賭桌，這一鋪卻許勝不許敗。他並非廚師出身，與鮑魚擁抱，不眠不休的研究烹煮之道，同業紛紛看淡，甚而澆下盆盆冷水，認定徒勞無功，失敗告終。

一哥抵着冷言冷語，研究不同產地鮑魚的優缺，再仔細探究炮製方法，在店舖後巷架起炭爐，與手下涂志明在烈日

註1：相關文章見王亭之著《王亭之談食》，北京：生活書店出版有限公司，2019，頁155-166。

下埋首研製，哪管汗流浹背，只專注砂窩上的珍品，進入忘我境界。

阿一鮑魚能更臻完美，獲食客梁伍少梅的指導乃關鍵的突破點。梁夫人談吐直率，偶爾作客富臨，品味過一哥的鮑魚後，毫不矯飾的說：「你的鮑魚不行。」梁夫人不止一次給予負評，一哥非但不介懷，還虛心的向她請教。及後梁夫人親身指導他炮製方法，如何拿捏箇中訣竅。一哥對其無私的指導由衷感謝，追隨她學習期間摸索出四項作要點：一、必須選用正統、最優質的鮑魚；二、以炭爐及瓦煲炮製；三、以慢火煲扣；四、要耐心的逐少加水慢扣，切忌心急。

阿一鮑魚的美譽不脛而走。1985年8月，經《成報》總編輯韓中旋引介，一哥應食評家、公關大員梁玳寧邀請，與多家食府的名廚往新加坡出席「香港十大名廚宴」。再一次因其非廚師出身，受到部分同業質疑；但一哥懷着信心，帶備二十頭鮑赴會，呈獻其「蠔皇蔴鮑」。一星期的活動，每夜筵開20圍，七天下來共煮了1,680隻鮑魚，備受好評，「阿一鮑魚」開始受到境外人士注目。回港後，影人朱牧帶同多位國家政協及文化部友人前來富臨進餐，眾人細味阿一鮑魚後，言談間提及邀他赴北京獻藝。及後果然收到邀請函，一哥遂於這年冬季北上，為設於人民大會堂的宴

「一哥」楊貫一‧營業主帥變廚神

40 多年來，一哥堅持以瓦煲炮製鮑魚，令鮑魚的口感更臻完美，獲食客讚譽，更將此絕活傳承給徒弟，延續經典。

上圖：
愛新覺羅‧啟驤之題字——
「阿一鮑魚，中華一絕」。

右圖：
一哥多次應邀獻技炮製鮑魚，
不少食客均是政商界名人，如
已故賭王何鴻燊是其中之一。

下圖：
1986年4月，一哥在北京釣魚
台國賓館以鮑魚亮相，國際知
名人士在宴席後簽署留念。

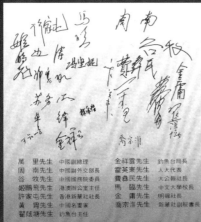

萬　里先生	中國副總理	金祥雲先生	釣魚台局長
固　南先生	中國副外交部長	霍英東先生	人大代表
谷　牧先生	中國國務院委員	費彝民先生	大公報社長
姬鵬飛先生	港澳辦公室主任	馬　臨先生	中文大學校長
許家屯先生	香港新華社社長	金　庸先生	明報社長
黃　冑先生	中國名畫家	喬宗淮先生	新華社副秘書長
翟頤塘先生	釣魚台主任		

國際知名人士於1986年4月
20日在北京釣魚台國賓館品嚐
「阿一鮑魚」並蒙簽署留念。

席炮製鮑魚。這是一哥首度目睹降雪，但嚴寒天氣卻令炮製鮑魚的工序倍加困難，一哥咬緊牙關克服，捱更抵夜烹煮出來的鮑魚，教列席的文化部長官激賞。「阿一鮑魚」融解了北方的酷寒，美名在中國政圈廣傳。

不久，北京釣魚台國賓館的主任翟蔭塘在富臨嘗到阿一鮑魚，甚為欣賞。然後，釣魚台國賓館的邀請函來到一哥手上，他欣喜的再度攜帶鮑魚，於 1986 年 4 月應約赴會，同樣通宵達旦的辛勤炮製，過程還被拍攝下來作參考紀錄。席上食客盡是政商文化界要人，包括萬里、姬鵬飛、周南、霍英東、馬臨、金庸等。同年 5 月，包玉剛爵士在該處宴請鄧小平，一哥的鮑魚載譽亮相。他指出鄧小平品嘗過後道：「正因為中國改革開放，才有今天的鮑魚好吃。」

一哥炮製的鮑魚，儼如灌注苦心與信心錘煉而成的藝術瑰寶，屢獲品味者由衷讚嘆，在華人社區眾口交譽外，往後更進入國際，攻陷西方高級飲食圈，他這位被旁人目為「非廚師出身」的廚師，摘下世界御廚榮耀。

廚藝載譽 ✿ 創新不言倦

1989 年 11 月 9 日《大公報》有一則報道，以「阿一鮑魚名揚歐亞」為標題。內文指這一年一哥的鮑魚「不止在香港揚威，遠在歐洲的世界級名廚也要到訪楊貫一，以一嘗阿一鮑魚為榮」。同時，日本電視台派員來港給他拍攝特輯，當地《銀座》雜誌（Ginza）也前來專訪，台灣的政商要人紛來港品嘗鮑魚，廣州東方賓館亦於秋季交易會期間邀他赴穗獻藝。法國美食協會特來港給他頒授法國美食金牌。

報道概略勾勒這年一哥締造的成就，時間正好是八十年代的最末階段，給一哥的鮑魚事業來個優美小結，轉身跨進九十年代，展示更華麗的姿影。隨着在新加坡及內地獻藝所引發的回響，他應香港旅遊協會、香港貿易發展局等機構邀請，先後前往歐美等地，以其鮑魚美饌築起文化橋樑，推廣中菜及華人飲食，更曾在英、法兩國的皇宮獻藝，其鮑魚菜式及精美的中式佳餚，擴闊了西方食客的品味維度，各地餐飲業界專業團體亦接連授予他獎項嘉許。

一哥鮑魚揚威海內外，並獲得不少餐飲業界團體授予獎項，以示讚揚及嘉許。

美譽遍傳 ❋ 膺世界御廚

翻開一哥於 2014 年派發的名片，內裏扼要摘錄了他部分
榮譽，如 1992 年獲選為歐洲名廚聯盟亞洲區榮譽會長；
1995 年成為世界御廚協會員、獲法國廚藝大師最高榮譽白
金獎；1999 年獲法國農業部最高榮譽勳章；2000 年榮膺
世界御廚藍帶四星獎；2002 年獲世界廚藝精英獎，以及世
界御廚最佳廚師獎 2002。此外，他於 2006 年獲頒世界傑
出華人獎，以及於 2007 年獲香港特區政府授予銅紫荊星
章。一哥於 1948 年踏足香港，屈指一算，2007 年剛好是
他來港後邁向第 60 個年頭，獲此榮譽，肯定他於悠長歲月
辛勤墾耕的貢獻，但他認為背後最重要是：「為國家為香
港爭光。」

come Mr. Gilles Bragard, founder of the Club Des Chefs Des Chefs
and all the Chefs of Heads of States t...

一哥以美饌築起香港與海外的文化橋樑，推廣
中菜。2010 年，一哥與英女皇御廚合照。

上圖：一哥獲頒發 2006 世界傑出華人獎，是全球華人之典範。

下圖：一哥於 2007 年獲授予銅紫荊星章，表彰其成就。

接到一哥名片的這一年，他已是八旬長者，當時邀請他分享退休生活點滴。細道下來，原來他實非過來人：「要做好一件事，就要堅持地做下去，不能夠退休。何況退休後，人便失去動力，變得『戇居居』！」他條分縷析的回應。不退亦不休，他依然立於崗位前沿，每天回店打點，與客人寒暄。與他傾談的當兒，突來了一通電話，他回覆過後便着司機驅車前往富臨。原來一批內地訪客已抵達用餐，為免待慢客人，他趕快回店招呼。直至客人告辭，他才稍緩腳步，期間店內熟客此起彼落的與他閒聊，他總歸是店內的明星。

然而，始終是人生下半場，與上半場是有分別的。像受體力所限，出外表演廚藝的活動大幅減少，但指導後學的熱忱無減。歷年來，他收下眾多徒弟，毫無保留的施教，沒有「教曉徒弟無師傅」的疑慮。為了把有關廚藝的體會、見解，從更闊的層面廣授後輩，他出任中華廚藝學院顧問，不時舉辦講座，也曾在內地組織培育基金，推動高級餐飲業人才的成長。論直接，自然是在店內指導同事。單就當天午膳的食物，一味鵝掌，他認為汁醬的味道可調得濃一點，副總廚黃隆滔特意到桌旁聆聽意見，必恭必敬的點頭回覆，再返廚房調校。如此虛心受教的身影，反映阿滔何以得到一哥信任。

相遇相知30載，一哥與阿滔情如父子的師徒情，不讓歲月磨滅。

那一年，阿滔在飯店工作快 23 年，追隨一哥經年，不僅是得力助手，雙方更情同父子。他欣悦道：「好像人家所説：『一日為師，終身為父』。師傅毫無保留的教我，從沒有收起一招半式。」八年後與阿滔再見面，談起師徒結緣，不經意間他細訴：「所謂『一日為師，終身為父』，我當自己如同他的兒子般，好好孝順他。」相隔多年，此語再入耳，顯見是他的心底話，情意沒有隨歲月消磨，反更形深刻。

疫情告急 ✹ 與眾度時艱

當年一哥拒絕讓人生下半場「戇居居」的虛度，果真言出必行。無疑，個人活躍度難免不如從前，但一些重點活動，他仍欣然亮相。2018年1月，富臨剛慶祝40週年，破格推出「富臨飯店×8½ Otto e Mezzo Bombana．『搞東搞西』」晚宴，由一哥與該米芝蓮三星意大利餐廳名廚 Umberto Bombana 共譜「四手」傳奇，讓中西兩大飲食源流互動碰撞。當晚兩位大師觀摩砥礪，惺惺相惜。一哥向來重視創意，把傳統美饌注入新色彩，煥發新口味，是次親身參與中西匯流變奏，可見一斑。當晚有份列席的葉澍堃，曾在專欄寫下：「兩位絕世高手破天荒合作為我們做出神級美食，一夜間可以同時享受阿一鮑魚、懷舊灌湯餃、白松露蛋和白松露意大利蛋麵等中西美食，真要感恩。」他的文章標題稱這次為「世紀盛宴」，消息也傳遍歐美。

富臨自上世紀七十年代開業以來，見證香江歲月一個個關鍵章節——經濟起飛、前途談判、回歸祖國、金融風暴、沙士危情，以至2019年中出現的社會事件。面對大環境的起起落落，富臨上下齊心，堅守務實進取的方針，跨過一波又一波風浪。2020年伊始，新冠肺炎疫情來襲，綿延良久，殺傷力之巨遠超各人預期，在嚴峻的防疫措施下，幾番禁制夜市堂食，飲食業受重創。一哥在訪問中感慨：「這

一哥喜將傳統與創新結合，與意大利名廚 Umberto Bombana
中西交流，炮製鮑魚與黑白松露佳餚，創意無限。

是歷年來我見過最大的風浪，又快又急，很多同業都抵受不住。」近年，香港不少傳統老字號食肆及酒樓相繼結業，如珍寶海鮮舫、中環蓮香樓、灣仔大榮華及上環鳳城酒家等，見證飲食業遭受的嚴竣打擊。

有他這位經驗老手坐鎮，穩住店內各人的心。飯店同人費煞思量力求變陣，包括拓展外送服務，細心挑選相對適合外賣的小菜，選用保溫保質度較高的物料包裝。期間，一哥的座駕也被徵用外送餐膳。飯店的行政總廚、營運及項目經理也客串送遞，向久未見面的客人問好，務求把美食與窩心服務一併送到食客府上。

富臨開業接近半世紀，與飯店並肩同行的資深員工不少，他們不約而同指飯店職工情同手足，店內滲透着家的氣氛。黃隆滔服務該店 30 年，認為：「主要是一哥待人好，老闆邱先生亦對人好，才能維繫到大家的感情，店內洋溢溫馨的感覺。」2021 年底冬至，所謂冬大過年，這個富有家人團圓意味的日子，富臨擺開四桌，安排豐厚的菜式，員工濟濟一堂同慶。飯店執行董事邱威廉勉勵大家：「今年飲食業界工作人員流失頗多，感謝各位繼續維護飯店，留下來一起努力，希望大家新一年身體健康，萬事如意。」在他身旁的一哥，細味湯羹，高興的咧咀微笑，與眾同樂。

問到如何能留住員工的心，他認為溝通最重要，有問題便開誠佈公的商討議決。

踏進 2022 年，飯店迎來喜訊，富臨繼續獲評為「米芝蓮三星」食府的頂級榮譽。飯店上下，整整齊齊聚於店面，一哥、邱威廉率領大家舉杯慶賀，攝下富臨全家福，為飯店送上祝福，深信能夠百尺竿頭，更進一步。

「米芝蓮三星」食府的頂級榮譽，是眾員工努力不懈的成果。

「一哥」楊貫一‧營業主帥變廚神

邱威廉：
粵菜食府變身革新

邱威廉的家族自 1978 年起成為富臨飯店的股東，2002 年轉為大股東後，他應家人建議參與管理，正式加入飯店出任執行董事，首度涉足飲食業。對於富臨他毫不陌生，早於少年時代已隨家人前來用餐。

「未有想過自小喜愛的一間飯店，日後成為自己管理的飲食生意。從不認識米芝蓮是甚麼一回事，到後來聯同一班『紅褲仔』出身的同事，在 2020 年摘下米芝蓮最高的三星榮譽。這兩件事是我人生意想不到的。」邱威廉道。加入前他從事服裝生意，亦曾運作特許經營店，對服務行業並非新手。

常謂「新官上任三把火」，入主後他沒有來一場翻天覆地的改革：「毋須用這種態度。當時主要由一哥管理，我只從旁觀察，及後為改善食物出品流程，開始定期舉行會議，逐步推動改革。」

上圖：於 2013 年，邱威廉將富臨飯店遷址至銅鑼灣
信和廣場，將食肆的服務推陳出新，與時並進。
下圖：一哥餽贈「鮑魚太子」題字予邱威廉，足證
一哥與他的師徒關係。

他不諱言起初亦遇到管理問題，如上情下達後，執行的效率欠佳。但他欣賞同事與客人建立起互動關係，對業務帶來良性效益，故有序引領員工依其管理方向走。當中較大的動作是 2013 年把飯店遷至銅鑼灣信和廣場現址。源於業主大幅增加舖租，遂決定他遷，選擇落戶此處，可追溯至一次出席世伯在酒家舉行的宴會。該處備有一張可供廿多人安坐的大圓桌，眼前濟濟一堂圍桌同坐的場面甚具氣勢，心想：「希望他日在富臨亦能有空間營造這種場面！」尋覓新舖位期間，經紀領他到富臨現址，發現環境寬敞四正，登上第二層，好感油然而生：「一眼看中了這個空間，正好容得下一張巨型的大圓桌。」遷進後，這兒闢作宴會廳，放置了可容納 24 人的大型圓桌，相當矚目，當天的想像畫面終可成真；要不然，又可改為筵開四席，讓 48 位客人共聚。

有別於往昔地舖的粵菜館模式，新店在格調上更顯時尚：「自己一力催生整家店的設計，走現代經典風格，滲透中式情調，全店色調沉實穩重。」營運上靈活多變，擴闊顧客層面，如拓展新世代階層，服務須與時並進。初期店內備有的餐酒寥寥無幾，大異於外圍的餐飲氣候，故於 2015 年聘請陸志文出任侍酒師，由他制定自家的酒單，豐富藏酒，廣獲客人欣賞，並推動美酒晚宴。另外於 2016 年聘

用潘健偉任營運及項目經理，為人事管理及樓面服務注入
新思維，加強培訓侍應生的款客水平，介紹美饌特色。隨
着推行革新，富臨由原來的米芝蓮一星拾級而上，至 2020
年摘下最高的米芝蓮三星榮譽。

聘請侍酒師，並設置酒櫃，將中菜與品酒連成一體。

美饌交流 ✳ 迸進步火花

推陳出新總是服務業的鐵律。作為資深食客，邱威廉了解
飯店的底蘊：「富臨以鮑魚馳名，但我希望客人知道其他
小菜都做得非常出色，每個菜都可以媲美全城的著名食
府。」維持水準外，他亦經常提意見，把新意注入菜式。
祖籍福建的他，早陣子靈機一觸，把平常用作放湯的福建
麵線以煎麵線方式處理：「效果不俗！我的創意是加入新
元素，並非要取代原有菜式。」

回溯近幾年的歷程，他總結幾項革新成果——其一，舉辦
美酒宴會；其次，推動美饌交流宴，最早在 2017 年與米
芝蓮三星意大利餐廳合作的「四手」晚宴，中、意兩大菜
系名家互動：「並非單純把兩種菜式放在一起，而是把各
自的獨特食材、做法互相融和，真正起到交流效果。」及
後陸續舉辦傳統與新派中菜對碰等，火花四濺，獲輿論讚
賞：「讓富臨與飲食界生力軍合作，互相推進。」邱威廉
對年青有志在飲食界的廚師，也多交流及鼓勵合作。

從小已在富臨進餐，他早認識「一哥」楊貫一，至今數十
載，直言「一哥是位好好先生，尤其是有容人之量。」他
亦欣賞一哥在業務經營上能堅守原則。富臨飯店只售日本
乾鮑，他加入之初，曾構思引進鮮鮑的可行性，一哥指出

群策群力，由 2015 年的米芝蓮一星；2016 年晉升為米芝蓮二星，至 2020 年首摘下米芝蓮三星榮譽。

與米芝蓮三星意大利餐廳聯手合作，推動中、意菜系交流，迸出火花。

此舉會影響乾鮑的銷情：「因為他這句話，我明白要堅持，任何會衝擊乾鮑的做法，都要避免，才不會影響飯店的形象。他給了我這個重要訊息，我舉一反三，其他方面也由這方向考慮，最重要是承傳一哥的營運理念。」

歷來市面上都有人冒一哥之名製作產品，以廣招徠，富臨的新方向是製作自家品牌的包裝食品，目前已推出「富臨鮑魚」罐頭。該罐頭嚴選優質的南非乾鮑，由炮製到食味均一絲不苟：「以乾鮑製成罐頭，相信是首創，並非要挑戰市場，而是把它現代化，令品味乾鮑更方便，把好東西介紹給食客。」自言經營方針力求個性化，並銳意「超越」，罐頭乾鮑正是朝這信念邁進。另外，內地向有冒富臨名目設店的個案，故推出類近「特許經營」模式，在富臨提供技術指導下，讓內地合資格的店以富臨店名經營。

富臨飯店執行董事邱威廉（左）及行政總廚黃隆滔（右）介紹罐裝紅燒乾鮑，讓家謙嘗到粵饌滋味。

「富臨鮑魚」罐頭首創以優質南非乾鮑製成。

此前富臨也曾在內地設分店，目前位於揚州的店仍運作。香港作為發源地，情況有別。一哥曾表示須集中精神做好一家店，故從未在港設分店，邱威廉亦心同此理：「富臨屬高尚食府，開設分店不等於能拓展一批新食客。目前飯店已有完善的配套及稱職的人手，若開分店，人手難以分拆，若導致水準參差，一間好一間差，又何必開呢！」他認為可循其他模式拓展業務，細察環境行事，毋須操之過急：「從過往經驗觀察，有時候，守才是贏！」

只此一家店，能與食客維繫緊密接觸，員工共處，也醞釀出家的親切感。不少員工反映：「富臨有人情味！」他表示：「所說的人情味，有很多含義，譬如關心，公司並非只從生意角度看待員工。」此際經濟不景時期，公司仍盡力派發花紅給員工，共享成果。與同事相處，他認為重點是「相互間多點傾談、溝通，不要太生疏，如朋友般相處。」

2022年，他參與管理富臨已20年。和早年相比，目前涉足的事務多了，卻不會連縫隙也插手：「我主力着眼大方向，不計較小節。」總結這些年的得着，他簡單剖白：「有一群談得來的同事，大家可以合力做出成績，若事事爭拗，就很難做得到。」

飯店員工為邱威廉舉辦生日會，與員工打成一片，儼如家人般親切。

富臨細數 ✳ 源起

富臨由「一哥」楊貫一創立，連同符國光及古國華等人，以月租 4,000 元租下銅鑼灣駱克道 479 號的舖位，於 1974 年 4 月 7 日開幕，當天邀得時任立法局議員胡百全律師剪綵。符國光經營的業務中，有冠以「富臨」之名，如富臨錶行、富臨洋服，飯店亦取名「富臨」（Forum），商標採用如古羅馬武士的半身人型圖案。

重組

富臨早期生意低迷，有股東斥資 200 萬元，以富臨名義購入舖位，冀推動業務。惜事與願違，部分股東醞釀退股，終以 300 多萬元售出舖位，5 人取現錢，符氏則取舖位 10 年租約。一哥堅持營運，獲舊識張寶慶支持，張氏把當時叫價已達 420 萬元的舖位頂下，為富臨發展翻新章，隨後符氏退出。1977 年，富臨經重組，重新起步，以「富臨飯店（1977）有限公司」註冊，股東 8 人。1977 年亦成為富臨的起點，2022 年正好是 45 週年誌慶。

舊情

一哥精研的鮑魚美饌，於 1980 年代中後開始響遍海內外。在此之前，富臨雖定位高級中菜館，但營業強差人意。翻閱 1983 年 4 月一則報章報道指，富臨於該月「再次擴張營業，推出和味豬腳薑醋，一窩特價 20 元」。報道讚賞飯店內「大都用銅來裝飾，顯得很高貴」，有此華美排場，取價卻公道，舉例其「鹹、甜點每籠均售 4 元，點心中以蝦餃、燒賣、正淮山雞札最受食客歡迎。另一個招牌點心是鮮蟹肉魚翅頂湯餃，一籠兩雙，售價 30 元。」

遷址

富臨首家店舖位於舊唐樓，隨着建築物重建發展，飯店於 1988 年遷往位於駱克道 485 號的新店，與舊店僅一步之遙，利便食客。據報載，富臨舊店聯同比鄰店舖，發展商以 3 億 1 千 4 百 80 萬元購入。富臨在此 485 號店營運了 25 年，及至 2013 年底第 2 度遷店，翌年 1 月隆重開業，期間投資者有變動，股東改至 7 人。

第二章

Chapter

Two

一哥賞識黃隆滔・師徒結緣

「富臨鮑魚就是阿一精神，
　這種經典味道，
是最傳統的味道，
我要好好保留。」

～黃隆滔

歷經多年磨練的阿滔，在恩師「一哥」栽培下，
成為獨當一面的富臨飯店行政總廚。

八十年代中，少年黃隆滔仍就讀中三。家中經營蛋業，
有天送貨到銅鑼灣禮頓中心的建國酒樓。該酒樓於
1939年已在中環開業，乃城中老店。期間他獲悉酒樓
正招聘廚房工人，月薪2,000元，已然心動。隨後送貨
到當時仍稱為「食街」的百德新街，得知專售煲仔菜的
煲煲好菜館亦聘廚工，薪金更達2,200元。他決定放棄
學業，選擇入職薪金稍佳的後者。

擇高薪而棲無可厚非，何況那時他沒有在飲食業大展拳
腳的抱負。今天，那酒樓以至食街早已煙消雲散；當天
難言胸懷壯志的年輕人，總歸鎖定目標，歷經實踐，現
為富臨飯店的行政總廚。當中三十餘年，他的磨練平台
正是富臨，而指導他、培育他的，就是恩師「一哥」楊
貫一。

輟學當廚雜 ✳ 忍中求變

黃隆滔祖籍廣東海豐，1970 年生於香港，乃家中二子。家人經營蛋業，銷售雞蛋、鴨蛋、鵪鶉蛋、鴿蛋，以至皮蛋、鹹蛋，屬住家營運，批發到零售店及食肆，另於筲箕灣街市設地舖銷售。他說：「家庭環境不算差，經營這小生意，更自備貨車，聘用工人送貨。」行將升讀高中時，父親突然辭世，生意由母親獨力承擔，經營上暗湧浮現。及後賣掉貨車，工人亦辭退，阿滔愛惜母親，難耐她吃力撐持，每天上學前後都親力協助，包括送貨重責。

侍母至孝 ✳ 食肆當廚雜

「沒有了貨車，只能用手推車運送。」每天由灣仔前往中環俗稱「鴨蛋街」的永樂街取貨送遞。一車十箱蛋，共 3,600 隻，在繁忙大道邊緣潛行，重型車輛擦肩疾馳，險象橫生。「有時一天來回走兩遍，上落斜路，試過把蛋傾倒一地……」蛋不懂爬行，但碎殼蛋漿黏滿於途，亂狀不亞於倒瀉籮蟹。對此送蛋工作漸感厭膩，亦不熱衷於學校生活。「所以想去打工，當時我唯一有認知的行業，就是酒樓工作。」

源於經常送蛋到食肆，與港島各區的酒樓、飯店職工混熟，大家都暱稱他「蛋仔」。對飲食業勉強有多點了解，完成中三後毅然輟學，投身職場，首個落腳點就在「食街」上的煲煲好菜館。新手入行，由低做起，充任「廚雜」，負責清洗食材、執拾、潔淨等，但總歸新鮮，他說：「初入行時接觸到不同的事物，覺得很開心。」夜市結束，他還要趕赴「午夜場」——前往上環港鐵站當清潔工，清洗車站至深宵。辛勞在敲打骨頭，但年輕的身軀抵得住，畢竟有經濟需要，只想早點完工回家休息，明早尚有「公餘場」——前往送蛋。上班前他仍舊身體力行的支持母親，「我不幫手，阿媽就要自己推車送。」他道。

位於銅鑼灣駱克道 485 號的富臨飯店，也是阿滔送蛋的其中一站。飯店乃城中名店，主理的「一哥」楊貫一盛名遠播，在阿滔眼中是「巨人」，只能仰望，難得時常在店內相遇。一哥身軀並不巨，兼且待人以禮，平易近人，對這位送貨到店的蛋仔，亦記在心上，「一哥不會瞧不起任何人，我經常送蛋來，他亦認識我。」

當年「一哥」已是城中名廚，但對「蛋仔」阿滔仍然記在心頭，促成往後密不可分的關係。

欺凌傷入心 ❋ 強忍痛楚

阿滔在煲煲好菜館克盡本份，邊做邊學。有一晚，「水枱」工友邀他過去，指導他劏蟹，他心想：「有機會學劏蟹，我當然開心。」時為九時過後，廚房準備「收檔」清洗，並不繁忙，他暫離煲仔爐灶片刻。待他重返爐灶崗位繼續執拾時，職級較高的同事着他把鹽盛滿，他聽命蹲低在灶下盛鹽，「突然間，三條毛巾從天而降！」同事把三條浸

滿醬醋菜汁的毛巾，在他頭頂使勁絞動，髒水如雨下，灑滿一身。「全件衫像浸過普洱茶，沾滿柱侯醬、咖喱汁、老抽⋯⋯」剎那間他仍沉住氣，詢問：「師傅，發生甚麼事呀？」對方只是職級相對高的同事，並非他的師傅，那純屬禮貌的稱呼。對方說：「你沒有顧好這邊的工作。」

事隔 30 餘年，憶述無辜受辱，他仍情緒波動：「試問劏一隻蟹要多久！我並非偷懶。」他沒有反擊，甚至是反思：「老在想是否開罪了對方。父親教得我好好，亦見過不少人，待人接物也有一手，惟有當作是自己錯。」啞子吃了黃連，心中隱痛難耐，曾躲起來哭，「似把刀插下來！只是沒有血。」從中他有所領悟：「忍，就是心上插下一把刀！可以想像有多難受。」無奈承受痛苦，只能規勸自己要有容人之量，兼且需要這份工作，利刃留在原位，刺痛化作提醒，往後在業內行走，特別是長期處身躁動的高溫熱廚房，相當管用。「以前那個學徒年代，有些人動怒過了火位，便發泄在下屬身上，表現暴躁，執起菜刀攻擊、潑灑熱水造成意外，我是親歷其境的。」

回想在煲煲好菜館的工作經歷，辛苦、辛酸，到頭來仍熬過不算短的 6 年，成為「炒鑊」，在廚房佔到一個位置，體現向上游的軌跡。這時候，店舖隨「食街」結束而停業。

一如往常，他繼續送蛋到富臨，和相熟的職員閒聊，對方語帶嬉戲的問：「喂，蛋仔，有沒有人介紹呀？廚房現正招人呀！」阿滔利索的答：「有，就是我！」

阿滔由低做起，克盡本份，邊學邊做，從沒怨言，甚至被同袍無辜受辱，只無奈地嚥下一口氣，他深明暴躁只會誤事。

投富臨求教 ✦ 敞出新天

時為 1992 年，黃隆滔告別任職六載的煲煲好菜館，加入富臨飯店。起初從飯店職工獲悉廚房招人，喜孜孜的詢問詳情，才知招聘「士啤」位。「但我一直只做炒鑊！會請『鑊尾』嗎？」他嘗試爭取在熟悉的崗位發展，「鑊尾」屬炒鑊行列中最低職級。但對方答：「現在只聘請『士啤』位。」思前想後，富臨乃知名食府，對「阿一鮑魚，天下第一」美譽尤感震懾，他憧憬能打開一片天，決定再次由低做起。

粵菜館子的廚房分工細緻，由多個部門組成：
「水枱」主責劏魚及海鮮；
「上雜」負責浸發食材如海參、魚翅，以及處理蒸做菜式；
「開邊」屬砧板位，主力食材的選購、配置；
「中線」又稱「打荷」，主理分發材料；
「埋邊」就是坐鎮爐灶，下鑊做菜，即「炒鑊」；

「士啤」位，以英語的「spare」理解，顯見屬於後備、替補角色，職責包括準備盛菜的器皿、起菜，廚房各部門有需要時，靈活走位頂替。縱是小角色，亦要眼明手快，配合廚師。若炒鑊師傅做好了菜，轉頭竟見盛菜的碟還未到位，無名火起，一聲不響便把菜倒在枱面，給下屬無情卻

有力的警戒。對此等情景，在業界混跡已數年的阿滔早有底，並練就專業與敬業的精神，懂得謹慎行事。

阿滔加入富臨時做「士啤」位，但他從沒介懷，因被「阿一鮑魚，天下第一」的美譽震懾，希望能闖出自己的一片天。

「蛋仔」阿滔品性純良，用心地做，從不嫌辛苦而躲懶，由最基本功做起，經驗由此累積得來，終生受用；還有一哥的鼓勵，是他最強的支持。

一哥大將風 ❋ 微觀揣摩

當天送貨到富臨的「蛋仔」，此間搖身一變成店內的「滔仔」，欣喜再遇一哥。一哥早已是飲食業界的名人，更是蜚聲國際的名廚，對這新入職的小夥子早已相識，現在是店內的自己人，便以熟絡的語氣勉勵一番：「細路，好好用心做呀！」阿滔誠懇回答：「知道，知道，一哥！」說起來並非信口開河，過後回望，他斬釘截鐵的說：「我真的很用心做，做好自己，人家不做的我都做。」如把蔬菜仔細執整，逐條撿去雜草，豆苗葉更逐片打開查看菜蟲。「尤其豆胚，即豆苗頂端的細葉，非常難揀，做一轉，眼睛昏花。雖然瑣碎，但做出來的菜式會更美觀。」

對於一哥，阿滔由衷道：「他如同巨人一樣，我很敬佩，好奇他為何那麼成功，烹調的鮑魚菜式能全球知名！」當時是小工，巨人只可遠觀，未有空間趨近求教，故從觀察學習，他發現：

✽ 每天早上十時前，飯店尚有數小時才營業，一哥已回來打點。先着同事打一碗上湯試味。上湯乃粵菜的靈魂，不容有失，若味道有差池，仍能及早調校；另外又品嘗其他食物，以至白米飯都會試，監控食品質素不遺餘力，務求盡善盡美。

✽ 營業部出身的一哥，款客技巧推陳出新，別開生面，教阿滔大開眼界：「他是公關高手，以真誠待客，深受客人愛戴。」一哥致力拉近與食客的距離，談笑甚歡，突破傳統中菜館的操作，具有西方餐飲業界重視與客人交流的思維。「『中菜西吃』是他訂定的，甚至安排刀叉這類西式餐具給客人。」一哥精研的溏心鮑魚，粗枝大葉的吞咽，無疑浪費，以刀叉細切品嘗，吃得穩妥，更能細啖當中的味道及質感。他的招牌炒飯，會在食客餐桌旁以砂鍋炮製，色香味同步呈獻；筵席佳餚會為客人即席平分，逐位端上，「以往中菜館沒有這種做法，但他幾十年前已實行，確實是飲食業界的表表者。」

✱ 一哥總是穿戴得體，披起筆挺西裝，欣然的走進客人當中。哪管寒暄聊天或臨桌做菜，絕不會蓬頭垢面示人。他亦嚴格要求職工務必保持乾淨衛生，不許留長髮，要經常修剪指甲。

時至今天，一哥誠摯款客的精神依然貫徹，不時回店與舊雨新知閒聊，而實務工作都交由行政總廚阿滔執行。由廚房到店堂，那走進走出的身影，滲透着一哥待人處事的風格。每天早上回到飯店，阿滔會率先細味上湯是否妥當，如何改善，又品嘗其他食物，確保合符水準。中菜廚師向來較西廚內斂，鮮少登堂入室與客聊天，垂詢意見。阿滔銳意追隨一哥走得前的步伐，把置有小型瓦斯爐的手推車移至餐桌旁，趨近客人，即席以砂鍋為客人炒飯，聆聽客人的品味評語。既是廚師出身，他沒有穿起西裝，畢竟繡上自己名字的廚師服才是戰衣，衣服熨貼挺直、潔白乾淨，看不到以醬汁油污勾畫的烹煮歷程。儀容方面，他更是一絲不苟，「我每星期修剪頭髮一次，維持企理的髮型，平常護理好皮膚，保持儀容整潔。」

阿滔隨一哥學習的時候，一哥已名聲鵲起，青壯年期的刻苦歷練，鑽研炮製鮑魚的艱辛，他沒有機會同步目睹，卻難得從當事人口中耳聞。現時他承襲一哥的做法，於堂上

一哥喜歡突破傳統，除了提供刀叉讓食客品嘗鮑魚外，也將中菜逐位分上，更顯氣派。

阿滔非常敬佩師傅，無論在廚藝、待客技巧、處事態度，以及個人儀表方面，都滲透着一哥的身影，他希望將最好的保留下來。

即做的「一哥炒飯」，背後也有段古。七十年代中一哥經營富臨，曾遇低潮，甚至資金短缺，未能依時發薪。有天為資金周轉事宜在銀行折騰老半天，回店後着下屬做個炒飯裹腹，豈料廚子晦氣回應：「我要『落場』，你自己炒啦！」一派下班大過天的模樣。一哥亦嚥得下，一咬牙走進廚房，無甚材料，就拌勻兩隻雞蛋，熱鬧的做出炒飯，「成為第一個『阿一炒飯』！」阿滔分說始末，個人簽名美食原來內藏甘味，當天一哥吃着自己做的炒飯，感慨得淚盈於睫。

對一哥這段往跡，阿滔感受尤深：「忍是痛苦、無奈的，但師傅的道行很高，深明火起過度，會產生不愉快後果。」隨着加入富臨，當年插於心房的利刃已悄然抽出，從師傅的經歷，阿滔對「忍」多了情緒以外的深層體會。他指師傅歷年在烹調菜式上創新求變，礙於非廚師出身，部分同行看不過他力爭上游，嘲諷他必然失敗告終，甚至聯手阻撓；但他抵着逆風，飛得更遠。

關顧盡支援 ❋ 感恩動容

與一哥相識逾 30 載，阿滔從未見他與人吵架爭執：「他並非懦弱，只是沒有觸碰到底線，覺得無為爭拗下去，畢竟從事服務性行業，他確實忍出彩虹！」對師傅的海量深感佩服：「要做到絕不輕易，他總是放眼遠處，對我影響很深。」

阿滔深明師傅走過的艱辛歲月，縱使每步走得不易，但一哥的堅毅精神及對菜式的創新求變，令他獲益良多，在鑽研中菜之路互相扶持。

曾有客人挑剔食味過鹹，責備阿滔逾半小時：「我試過味，是合適的，但口味因人而異，對方是客人，不能駁斥，只好道歉。學懂忍，是很重要的。」

今人戲謔所謂「金句王」，不無嘲諷之意，但走過艱辛歲月的前輩，吐出的金句真箇含金，擲地有聲。一哥訴說的人生哲學，誠然暮鼓晨鐘：「『先學做人，後學做事』是他的座右銘，從中我分析他的成功之道。」一哥待人以誠，無分高下，廣及各階層。飲食業界向有提供膳食的傳統，稱為「福食」，意謂福利膳食。所謂「三餸一湯，白飯任裝」，那「任」字說得輕鬆，不少食肆卻讓夥計吃較廉價的米，與客人吃的高下有別。富臨則不同。飯店款客的白飯，一哥親自嚴選米粒，每天蒸煮出來後，也會細嘗了解水準。這窩心的白米飯，職工用膳時也能吃到。

數年前，阿滔的妻子患急病，須動大手術，原屬意進一間私營醫院，惟正值長假期，難以排期進院。剛巧那天該院院長於富臨用膳，一哥向阿滔表示可以協助安排，更搭着他的肩膊說：「傻小子，有我支持你！不用擔心，費用方面由我處理。」因病情迫切，那時阿滔已為太太安排進了另一家私院治療。婉謝一哥的好意之餘，恩情銘記於心：「他摟着你的那一剎，很有暖意，很舒服，知道背後有人

撐你，人便安穩下來。須知道我只是他的僱員，但他一向好關心我的家人。」

待人以外，處事也獲益良多：「他經常強調：『**人無我有，人有我優，人優我更優**』。」這正是富臨歷年精益求精、創新求進的原動力。金句可以嗌得響亮，若實踐欠奉，終究只是空口講白話。這方面，一哥和阿滔皆實事求是。「烹調上，一哥不可能捉着你的手來教，但會耐心的指導，即使有錯，亦不會大聲喝罵，而是解釋問題所在，希望你在錯誤中成長、進步。」嚴師出高徒，一哥的「嚴」，非惡狠嚴懲，而是嚴格要求，着你反覆嘗試，做到最好，作為求進的弟子，阿滔自然倍加用心的自我錘煉。

上圖：幾位資深員工追隨一哥多年，彼此視如親人，營造團隊上下一心的敬業精神。餐廳經理涂志明（左），服務逾 40 年；前總廚劉配光（右），在飯店工作 33 年。

下圖：一哥與徒弟阿滔多年來如影隨形，阿滔親力親為照顧師傅，因為他深信「一日為師，終身為父」，而且在師傅身上獲益遠高於想像。

一哥教學法 ✳ 耐心傳心

過去生活環境艱困，當上「學師仔」，循師徒制學一門手藝，是年輕人重要的謀生出路，不少更闖出一番事業。然而，背後往往是一段淚之旅，受氣吃苦自難倖免。黃隆滔入職飲食業時，已非「學師」模式，但做「細」的，難免成為出氣袋，他還是熬過了。加入富臨飯店，氛圍截然有別，同事和睦共處，尤其難得遇上願傾囊相授的「一哥」楊貫一：「這才是真正的師傅，一手栽培後輩。」

指導後學，一哥有其方法，絕非誇誇其談、空有姿勢，而是實幹派。「我跟隨他 30 年，教導上，他重視身教。」菜式好與壞，先天因素源於食材，「識揀」是關鍵一環。一哥親領阿滔前往選貨，如到海味欄挑選乾貨，指導如何從色香味判別優缺。選定後，當貨物運抵飯店，得再次鑑貌辨色，以防摻雜劣貨。這方面，阿滔亦曾出岔子。

屢敗再屢戰 ✳ 成就廚藝

挑選花膠時，除了有「公乸」之別，亦不能忽略聞其透出的氣味，因部分商人會噴灑防腐劑，致貨質受損。飯店並非法庭，但指陳問題時，一哥亦講求實證，讓下屬更透徹

的明白箇中底蘊。有一回，他着阿滔：「把新入的花膠，用清水滾熱，給我試試味！」阿滔困惑：「為何花膠要用這個方法煮來吃？」滾熱了的花膠奉上，他一進口便立刻吐出來，直指：「有藥水味！」原來他嗅到這批貨有異樣氣味，故要親自試味求證，估計花膠已受防腐劑污染，加熱後更為明顯。往前追溯，員工浸發花膠時沒有留意，再往前探，就是來貨有問題。阿滔坦承：「批貨是我收的，當時檢查得不夠仔細。」從中汲取教訓，這家供應商並不老實，須嚴加提防，更重要是往後收貨，必須逐隻逐隻聞清楚，多加注意。

飯店始終並非學校，即使師徒一場，亦不能慢慢教授；但一哥仍爭取空間提點，讓徒弟在實踐中學習，日積月累，給徒弟注入強心針。阿滔坦言：「即使屢戰屢敗，仍要屢敗再戰，自信心是這樣建立起來的。師傅曾一連七天吃同一個菜，只因為我未能夠做好。」一味「燕窩炒龍蝦」，兩款迥異的食材，上天下海，既要共融，又要保留各自的獨特質感。燕窩這精緻食材要用得巧妙，一半先蒸好備用，另一半經浸泡後生下：「維持燕窩幼滑的質感外，又要做到挺身，龍蝦則不能溢出水分。」兩者混和快炒，讓燕窩吸收龍蝦鮮味的汁液，相得益彰，做起來很考功夫。師傅申明：「煮到我鍾意食為止！」於是他連續多天做，從不

阿滔一連七天試做
「燕窩炒龍蝦」，
是一哥為了徒弟在
實踐中學習，並在
屢敗屢戰中建立自
信心，用心良苦。

廚師需要懂得分辨食材之優劣，到店後還要謹慎查
驗，每環緊緊相扣，保證送給食客一級美食。阿滔
汲取教訓，從挫敗中學會謹慎。

斷嘗試中掌握竅訣：「師傅要我每天做，而非立刻重做，目的是讓我有時間思考，摸索火候、溫度。」到第七天成功了，師傅便暫緩進食這道菜。歷時多天的嘗試，留下眾多成與敗的印記：「我會把掌握火候等方面的心得寫下來，變成自己的『秘笈』。」

現時在富臨餐牌上的熱選「陳皮咕嚕肉」，單從菜名已見平凡中銳意走出不平凡的路。阿滔回想一哥當時提議：「一道普通的咕嚕肉，加點陳皮，亦非不可以！」阿滔打趣提問：「行不行呀？」一哥實已成竹在胸，毅然下旨：「你快快給我試做！」阿滔領命，肩負實踐重責：「一哥的想

一哥推陳出新，銳意設計創新菜式，「陳皮咕嚕肉」是其中的點睛之作，由兩師徒合力多番試驗及改良而成。

法很前衞、很特別，不斷創新，要造出這道菜，都費了一番功夫。」菜式雖有一貫做法，但仍有進步空間。挑選豬肉方面，梅頭肉、瘦肉、肉排或腩排，不同部位的肉質有別，雖然心中有數，但仍需多番嘗試。最終選定隔沙腩排，上有薄薄的脂肪層，肥瘦比例適中，並起骨炮製。至於陳皮，多一分過度，少一分則失卻點睛之效，下的分量如何恰到好處，沒有通書指引，須自行拿捏判斷。過程中，阿滔與一哥合力改良，直至滿意：「陳皮的果香與整道菜非常配合！」翻來復去嘗試，教他別有體會：「廚師不能氣餒，要戰勝挫敗感，我是專業人士，可以克服問題；選擇退縮，無助於解決問題。」

筵席失手記 ✳ 自省成長

暴怒使人望而生畏，甚至令下屬方寸大亂，效果適得其反；而一哥沉着施教的方針，讓徒弟有空間去思考、調整。一哥脾氣佳獲大眾公認，阿滔霎時打趣補上一語：「『一哥發火，非同小可！』我曾目睹師傅發嬲。」所謂佛都有火，背後定必出現重大失誤。那次一位廚師隨一哥外出示範烹飪，充任助手。此人行事冒失，竟不察覺熬上湯的材料黏着鍋底，整鍋湯焦糊了。「太不小心了，煲燶湯！一哥以後不讓他出外。一般而言，一哥都不會發火。」對此阿滔感受尤深，有過深刻反省。

阿滔曾為一哥主理一項慈善晚宴，在尖沙咀一間著名酒店舉行。是夜筵開 60 席，備有燕窩款客。事前阿滔帶備燕窩到場，因為要借用酒店的廚房，須與那兒的負責人溝通。對方給阿滔盛燕窩的量器，按量器注水，能兌開對應份數的燕窩，足夠全場享用。阿滔雖有經驗，但沒有慣用的量器在手：「只能相信對方，他是酒店的廚師長。」待燕窩整備後，他心頭一緊，分量似乎不對頭：「分配了 40 圍之後，只餘下少量，我內心噗通噗通的跳，必定不足夠分配。」立刻召回侍應，把燕窩從新均分，奈何神仙難救，部分客人無法品嘗，場面尷尬：「那晚我徹夜無法入眠。」

如此局面，一哥聞訊後甚為不滿：「他訓示我：『怎可以發生這種狀況？阿滔，你令我好失望！』那次他教訓了我整整一句鐘。」阿滔沒有托詞卸責，一力承擔。一哥的氣可以理解，但語氣還是一派苦口婆心：「師傅沒有斥責我。」語重心長的告誡，更教有責任感的當事人反躬自省：「以後我不再相信其他人，我只信自己。」

人誰無過，失敗與成功總是互為因果。一哥深明大義，何況與阿滔相處多年，明白其為人及處事態度，一哥用人為信，沒有把扣在阿滔身上的「信」字摘走，他始終是自己可以信賴的左右手。「我和師傅從來沒有拗撬。師徒之間沒有討論空間，徒弟必須聽師傅的話，但師傅都願意接受我的

意見。」一哥有一道簽名菜式「阿一燜魚」，有次他預備寫入菜單，阿滔覺得菜單上已有幾款濃味菜式，這味魚菜式若改為炒球，更為匹配，師傅亦採納其建議。師徒的互信關係是如此默許，在心中，不講究形式；但到一個地步，一哥還是形象地確認阿滔愛徒之身。

2012 年，法國藍帶美食協會主席古載禮頒授獎狀予阿滔。

一哥對徒弟諄善教誨，鮮有斥責，偶有失誤，他會訓示告誡，讓徒弟在錯誤中反省，並對自己加以警惕。在走過的 30 多年歲月裏，兩師徒建立了互信互愛的深厚關係。

恩師揮毫證 ✳ 單傳獨授

由富臨飯店的「士啤」位起步，黃隆滔自言相當用心工作，從實幹中爬升，與「一哥」楊貫一的距離逐步拉近。由廚房到店堂，從旁請益學藝，繼而當上他出埠獻藝的左右手，打點準備，無縫配合，默契由是建立，雙方關係益見緊密。隨着一哥年紀漸長，由外訪到短遊，需要有人在旁扶持看顧，阿滔多年來從心出發演好這角色。師徒倆並肩走在路上的背影，成為專訪報道的開頁照片，情意溫馨。

師徒結伴同行，除了談店務，論做菜，亦會四出覓食，邊享受邊找靈感。此外，還有更多。「師父喜歡看大戲，我便陪他去欣賞，自己都經常看大戲。」僅作陪客，難言戲迷，卻有着戲迷羨慕的特殊「待遇」。承任白教導，雛鳳鳴劇團自 1964 年組班起步，及後譽滿梨園，隨着台柱龍劍笙移居外國，於九十年代初解散，千禧年後，她偶爾回港響鑼鼓，依然哄動。一哥鍾愛欣賞雛鳳鳴，而龍劍笙亦是一哥的食客。阿滔説起她回港演出期間的膳食安排，露出「大陣仗」的表情：「我們廚房安排了專人負責，為她落單，想飲哪款湯，詳細寫下『笙姐晚餐』。」這位專人就是阿滔本人。飯菜做好後，包裝好，更以「火漆印」封好，由他這位專人送到笙姐下榻的酒店，經簽收後始可解封。劇藝與飲食的兩位名家，戲味與食味的無形交流，缺不了阿滔這位中間人的連繫。

確認愛徒身 ✳ 是自己人

如阿滔所言，一哥面面俱圓，交遊廣闊，人緣極佳。友緣相聚外，亦包括教與學的師徒緣。一哥歷年精研的廚藝，備受讚賞，慕名求教的後學絡繹於途，他亦敞開心扉，從沒收藏心得，樂於圓滿求教者的心願。「很多人想跟師傅學習，拜他為師，師傅亦來者不拒，所以收了很多弟子，而且每個徒弟都會獲發一張證書。」師傅的徒弟數量之多，他了然於胸，因為外發的證書，都由他處理安排：「發出的證書，大概有二、三百張。」

至於他這位跟隨一哥工作的廚師，毫無疑問師承一哥，卻又是共事的關係，情況有點特別，他不諱言：「起初我沒有想過拜一哥為師！」畢竟朝夕見面，隨時請教與受教，似乎毋須拘泥形式，雙方關係已昇華至另一層次：「我們的關係太好了，我尊敬他、關愛他，與他相聚的每一刻，都很開心，很感恩。」及至有一天，阿滔信口笑問：「一哥，你都收我為徒弟吧！」

一哥沒好氣的答：「你已經是我的徒弟啦！」

阿滔續打趣慨嘆：「但是我沒有證書！」

一哥續答：「其他是街外人，你是自己人。」

阿滔以往的名片附有一哥餽贈題字給他的照片，旁邊註有

一哥是大戲迷，鍾愛欣賞雛鳳鳴劇團，龍劍笙也是一哥之食客，兩人惺惺相惜，相互交流。

上圖：一哥早已認定阿滔在自己心中的地位，兩師徒相處日久，已昇華至另一層次。

下圖：2010年，一哥重臨家鄉，童年往事歷歷在目。興之所至，兩師徒執起球拍，臉上重現孩童歡笑一面。

「鮑魚太子」字眼。無疑，這類「鮑魚甚麼」的稱謂看來尋常，他這一則卻有一段插曲。一哥幼時在鄉間吃了不少苦，家散人亡，故一直沒有返鄉，難耐觸景傷情。及後終解心結，重返中山石岐老家；那一回，行程亦由阿滔安排打點，親自陪伴師傅遊歷。走訪的地點包括高家基小學。該校在培養乒乓球小將上成績出眾，國家隊金牌選手、現為港人熟悉的乒乓球評述員江嘉良也出身該校。阿滔特別聯繫相關人士，安排參觀該校，一哥更獲邀上台，介紹給學生認識。該處原址為救濟院，當年一哥與妹妹曾寄居該處。舊地重遊，無盡往憶湧上心頭，但周遭的小孩子朝氣勃勃，化悲為喜，喜孜孜的與一哥合照。難得身處以乒乓球知名的學校，師徒倆亦放下廚具，執起球拍切磋，誰勝誰負不要緊，來一場友誼波。

夜裏，阿滔安頓師傅入睡時，師傅着他：「明天你準備好紙筆墨，我想題字給你。」他當然唯師命而從。翌晨，文房四寶依吩咐備好，一哥揮毫題字，寫下：

「阿一鮑魚創始人楊貫一，現授予阿一鮑魚唯一承傳人黃隆滔，署名為鮑魚太子，發揚阿一鮑魚技藝，單傳獨授。」

之後他又寫了另外一幅：

> 「愛徒阿一鮑魚傳人黃隆滔，盡得我唯一單傳獨授，承傳阿一鮑魚。」

對師傅的墨寶，阿滔心存感激：「我很感動！素來只有人求字，難得是執筆人主動餽贈給我。」所書的字亦別具含義，稱他為「鮑魚太子」是嘉許，但更為鏗鏘有力的是一句「單傳獨授」，確認了他獨特的徒弟位置：「多謝師傅賜字，他寫的內容都很有內涵，感受到他對我的愛護，容許我承傳他的廚藝。」兩幅題字阿滔一直收藏，即使拍下照片，亦未曾公開廣傳，一切留在心中。當然，形式能把心意具體化，留下印記，於是他也行跪地斟茶之禮，師徒關係名正言順。

在關愛徒弟這層面，一哥深諳化無形為具像之理。阿滔披露一宗「圍裙事件」。出席一項品牌活動時，主辦單位把出品的圍裙餽贈一哥，衣襟特意繡上其名字。如此私物件，他信口一句：「我送給你！」便餽贈愛徒。尤有甚者，有一回世界御廚協會（Club des Chefs des Chefs）的成員來訪，把一套繡上會徽的廚師服贈予份屬「世界御廚」的

一哥親筆撰寫墨寶，給予阿滔「鮑魚太子」的肯定，承傳阿一鮑魚的技藝，是阿滔覺得最欣喜之事。

一哥賞識黃隆滔・師徒結緣

一哥。後來，一哥又一句：「我送給你！」便把這套象徵個人成就的衣服轉贈阿滔。「衣服並非很重，但它的意義則相當重。」親手送上這套別具分量的廚師服，無疑是驅動阿滔力爭上游，向國際級名廚之路進發：「它不僅是送給我留念，而是一種支持，一種鼓勵。」重量到一個程度便產生壓力，阿滔倒喜愛：「化壓力作動力，自己更要用心。富臨鮑魚就是阿一精神，那種經典的味道，就是最傳統的味道，我要好好保留下來。」

一哥將「世界御廚」的廚師服轉贈愛徒，希望支持及鼓勵徒弟，向更高峰邁進。

贈物傳心意 ✳ 時刻提醒

話語既畢，托一托鼻樑上的眼鏡補充：「這個也是一哥的！」
有天一哥拿着一盒六、七副眼鏡，阿滔戲言詢問：「它們
要『收檔』嗎？」意指已不合用，需要棄掉，卻原來是要
轉贈阿滔。一哥解釋：「這些眼鏡都是我曾經戴過的，現
在交給你，我看過的事物，都希望你能夠看到。」作用和
上述廚師服可謂異曲同工，這些眼鏡框都很名貴，但阿滔重
視背後的意義，遠超出金錢價值：「他這樣做，就是生命
影響生命，很感動人心。」他把眼鏡的鏡片更換，日常佩戴，
好比時刻得到師傅引路：「他所眼見的，我能看到十分之一，
於願足矣！」

對一哥的見解、觀點，他心悅誠服的採納：「他見多識廣，
提點意見，是不想你『撞板』，他說一句勝過你拗十句，
聽他講就風調雨順，看看往後事態發展，就一目了然。」
他感謝師傅無私的培育，把心得傳授，作為徒弟，他毫無
懸念的說：「對他絕對尊重，不能做出令他『丟架』的事，
否則損害他的聲譽。」對師傅，固然時刻尊師重道，豈會
踰越輩份胡來，但又不致於僵化行事，只震懾於其長輩威
儀，而是互有交流：「我們亦師亦友，不會客客氣氣的。」

1992年踏足富臨，阿滔一直留守飯店，面對外間的招手，不為所動。師傅對徒弟也相當器重，選他一同結伴出遠門表演。有一回前赴山東煙台，與中國烹飪協會合作舉辦「阿一鮑魚烹制專題研修班」，示範炮製鮑魚、魚翅，以及炒燕窩、炒飯等招牌美饌。參與活動那飯店的老闆，以雙倍薪金利誘阿滔過檔，甚至攜來一篋銀紙着他收下。阿滔固然沒有應允，如此「銀彈」攻勢亦太出位，一哥輾轉獲悉，氣言：「這家店以後不要再合作，我的人亦夠膽挖走！」好一句「我的人」，遠較「銀彈」更令人折服。

師徒結緣經年，就這樣你來我往，互敬互愛。阿滔更豪言：「我和師傅的關係，誰可代替！」一次外訪天津，接待單位以揚州炒飯款待他倆。阿滔見狀已覺不是味兒，因他吃罷蝦、蟹會有敏感反應，平日掌廚必須試味，會先服抗敏感藥，這天卻未有準備。一哥知情的說：「我先把蝦吃掉，你再吃。」奈何飯已沾上蝦汁，吃罷也會有反應，但阿滔仍樂於奉陪：「師傅叫我吃，我一定吃。」如此簡單的往還，師徒間的互信互愛可見一斑，無怪乎近廿年來一哥出外表演之旅，總有阿滔在身旁。

阿滔參與法國國際美食協會入會儀式。

哥賞識黃隆滔．師徒結緣

資深員工涂志明：
見證飯店起飛

富臨飯店經理涂志明早於 1980 年加入，任職侍應。當時飯店仍位處駱克道 479 號的第一家店，他清晰記得那兒的食肆佈局：「一列唐樓接連幾家飯店，包括鑽石酒家、叙香園，比鄰就是富臨，另一邊還有福臨門。」富臨雖走中高檔路線，論食材的矜貴程度及菜式的種類，都遜於福臨門：「印象猶深，有一次食客要求吃椰盅燉燕窩，我們不懂得做，只好到福臨門買回來。」

經理涂志明早於八十年代加入富臨，當時位於駱克道的富臨飯店旁有多家著名食府，競爭激烈。

這是富臨飯店第二家店，一哥之個人名片。

富臨的營業狀況欠佳，「阿一鮑魚」尚未誕生：「當時很艱難，惟有靠『到會』支撐，這方面富臨是知名的。」每個月外出「到會」七、八次，服務人數多寡不一：「譬如到上環嘉華銀行總行的會所做午餐，客人僅 5 至 7 位，我們都出動。」勞心勞力，冀藉「到會」營造口碑，吸引客人來店晚膳。

「到會」一圍取價約三千元，既備佳餚，也提供殷勤服務。團隊簡而精，廚師、潔淨員外，樓面僅涂志明一位：「一圍 12 位，要帶齊『傢俬』同行。」此乃術語，指餐具、大圓桌板等。客人俱為中上階層人士，常前往中半山如麥當勞道，鄧肇堅爵士也曾是座上客。晚上七時半恭候客人，他們下午四時許便抵達準備：「開席前先招呼飲香檳，八時就座，以紅、白酒款客，繼而上菜，要平均分配逐位上，必須眼明，分菜均勻，頗考功夫，亦要手快，像熱葷菜，手一慢，菜就冷了。期間適時添酒，近尾聲轉飲甜酒。流程我已牢記入腦。」

一哥賞識黃隆滔・師徒結緣

「到會」鮑魚失手啟示

大華鐵工廠東主徐季良伉儷每年的壽宴，均請富臨到其春坎角宅邸「到會」，筵開十席。如此規模，要另聘幫工，並以三輛貨車運送物資：「帶備桌椅外，還有爐灶，在停車場做菜，包括即場炭燒十隻化皮乳豬。晚上六時前先燒熟七成，接近開席再燒餘下兩成。」一次徐夫人直指鮑魚做壞了，吃來淡而無味，還向「一哥」楊貫一投訴：「一哥耿耿於懷，追究責任，發現源於以不鏽鋼鍋煮過了頭。之後買了一斤十二頭鮑魚餽贈徐夫人。」此事驅使一哥更深入研究炮製鮑魚的方法，及後在梁伍少梅指導下始成功，除獲王亭之激賞，文化界的李文庸（創辦《香港周刊》，筆名董夢妮）也曾誇讚「此物只應天上有，人間能得幾回嘗」。

鮑魚得以成就，他也付過汗水。一哥在傳略《朝陽貫一方》寫下：「和忠心夥計涂志明頂着毒太陽，合力在後巷架起炭爐煮呀煮。雖已打着傘，二人仍弄得渾身是汗。」他指一哥待人隨和，當時從旁協助，完全滿足到他的要求：「每天的工作流程我都交得準，令他放心，追隨多年，他對我是比較賞識的。」他欣賞一哥歷年貫徹「人無我有，人有我更優」的求進精神，追求菜式的最佳食味，把各種食材做出新意。較「一哥炒飯」還早出現，有一道「一哥炒

明哥見證「阿一鮑魚」誕生，他與一哥合力在後巷以炭爐煮鮑魚的情景，現在說起仍記憶猶新。

麵」，以砂鍋製作，配以瑤柱、銀芽，效果絕佳。至於燕窩，他精製杏汁燉燕窩：「福臨門沒有這道菜，和早期相比，富臨明顯的進步。」另外還有以冰花、紅棗燉燕窩等口味，另有炒燕窩，以至鹹味燕窩。

阿一鮑魚誕生，一哥聲名迭起，富臨亦站穩陣腳。其後內地改革開放，經濟上揚，南下客人增多，帶動本地的上層消費市場，涂志明認為推進了富臨的業務。2013年遷往信和廣場現址，他形容為一次「時代轉型」：「新一代食

客對進餐環境的要求很高，舊舖難以滿足他們的要求。」
如此一轉，涉及龐大投資，對管理層實屬挑戰：「但有危
亦有機，此舉推動大家鼓起信心，踏出尋求發展的路。」
遷店後進展順遂，惟近 3 年先後受社會事件及新冠肺炎疫
情衝擊，大家仍沉着應變，堅守富臨的特色：「嚴格管控
食品的質素、食味，菜式多元化，近年推出的燒汁牛尾、
魚翅釀雞翼，皆受歡迎。」

飯店迎向時代轉型，更晉身米芝蓮三星食府，作為經理，
須持續革新改良服務：「加強培訓侍應，對菜式、食材有
深入了解，維持一致的侍餐流程，上菜方式、菜式擺位，
都要統一。」要求同事不懈學習，他也不例外：「自己亦
轉型，飯店實行電腦化，我也要學習。」

經過 40 多年合作，明哥深得一哥信任，兩人不時互相交流，在飯店營運及發展方面給予意見。

明哥深深明白要與時並進，迎向時代之轉型，他期望與同事齊心同行，堅守飯店的特色，在侍餐上精益求精。圖片攝於紅燒乾鮑發佈會，右二為涂志明。

富臨細數 ✳ 拓展

擴張

富臨飯店第一家店於駱克道 479 號開始，歷經兩度遷址，先後落戶 3 家店舖。位於駱克道 485 號的第 2 家店於 1988 年 8 月 29 日開業，後再遷往告士打道 255-257 號信和廣場的第 3 家店，於 2014 年 1 月 8 日開業。新店位處商場，雖非向街地舖，卻有臨海觀景。富臨每次遷店，也是一回擴張歷程。首家店位於唐樓，環境較遜，僅有地下連閣樓，地下設 5 張大枱及 9 張小桌，閣樓則有 4 張。第 2 家店共 3 層樓，面積約 7,000 平方呎，而目前店舖共 2 層，全店面積約 13,000 平方呎，另有約 4,000 平方呎平台。

演進

富臨在駱克道 485 號店歷經 25 個寒暑，卻要遷址，源於業主大幅加租，由每月 70 萬元倍增至 140 萬元。對富臨而言，此次遷店締造演進良機。立法會飲食界議員張宇人曾語一哥：「試問有誰會經營樓高 3 層且不設電梯的舖位？」舊店三層樓均以階梯連貫，耗用較多人力資源，對客人也構成不便，尤其上年紀的熟客，踏樓梯誠屬苦差。新店所在商場設自動電梯接連樓層，上落利便。

氣派

現時飯店共 *2* 層，用餐區集中於一樓宴會廳，地方寬敞，可靈活調動。除主要用餐區，另設 *6* 間客房，以及富貴房、榮華房各 *1* 間，房間可招呼客人 *8* 至 *12* 位。若把各房間合併，全場可容納 *100* 至 *120* 位賓客，適合商務會議及親友聚餐。*2* 樓則為至尊房，適合中至大型活動，可款待 *24* 至 *48* 位客人，按需要可擺設供 *24* 人一起圍坐的大型圓桌。

藏珍

一哥炮製的鮑魚菜式乃富臨的名物，廣受讚譽，所選用的優質日本乾鮑，有市有價。如主文所說，一哥鍾愛鮑魚，視作友伴，悉心蒐藏了若干珍品。尚在駱克道 *485* 號舊店時，*2002* 年 *6* 月，富臨曾遭爆竊，損失逾 *100* 萬元鮑魚，報載當中包括一哥珍藏的 *3* 隻三頭鮑魚，該等鮑魚當時已被形容為賣少見少的珍品。

Chapter Three

第三章

師徒跨國萬里行・親情流露

一哥兩師徒多年來到海外示範及推廣中菜，彼此貼心地關顧，將對方放在第一位，情常在。

千禧年後，「一哥」楊貫一縱已屆七旬之齡，仍精神健朗，孜孜不倦的推廣中華廚藝，尤其他專精的鮑魚美饌，徒弟黃隆滔出任助手，兩家結伴，走遍海內外各地。2007年曾應邀遠赴美國洛杉磯表演，須乘長途航機，對長者誠屬苦差。一哥預料會受時差所困，帶備安眠藥。結果一如所料，徹夜難眠，半夜起床找安眠藥服用。阿滔發現後試圖規勸，但一哥堅持：「睡不着，很疲累，我要服兩顆。」阿滔嚴正阻止：「不行呀！服過量醒不過來怎辦！我都睡不着，辛苦一夜吧！」結果讓他服了一顆解燃眉之急，奈何藥效欠奉，一哥想加劑量，阿滔硬起心腸：「一定不可以！」為免他自行找來服用，只得把安眠藥收藏起來。

他倆原屬僱傭關係，僱員竟敢逆僱主意。因為，當刻在阿滔心目中，大家是在陌地相依的長輩與晚輩，晚輩從心出發關顧長輩，責無旁貸。

境外獻藝 ✼ 二人組同行

上世紀八、九十年代，一哥聲名響遍神州，遠播外地，獲世界御廚名銜，期間已屢次出外獻藝。隨着獲獎不斷，且參與境內外飲食業界的聚會、出任品牌代言人、參觀各地的飯店食肆，還有舉行鮑魚培訓班活動，獲邀外訪的次數大增，當中不少更屬慈善性質。一哥時年雖已逾七十，但神清氣爽，出遠門勝任有餘。外出表演廚藝涉及眾多預備功夫，還要自備食材，臨場亦需副手助陣，歷來都安排一位助手隨行。

阿滔成為一哥外訪之左右手，無論材料準備、行程安排，甚至一哥的起居事務，皆由他一手包辦，絕不假手於人。

這時候，阿滔加入富臨已逾十年，早脫離「士啤」崗位，在廚房部門逐步晉升，與一哥接觸的機會增多，雙方的距離拉近了不少。約於 2002 年，一哥選擇外訪副手，一錘定音：「叫滔仔和我一齊出發。」阿滔笑言：「大概師傅覺得我夠力氣挽行李吧！」獲一哥點名拔選，事出非偶然。十年相處，當年的滔仔已蛻變成長，一哥心中有數；另外，富臨飯店的前總廚劉配光亦欣賞阿滔這師弟。「光哥推薦我跟隨師傅外出學習，讓我有機會到各地增廣見聞。」阿滔感激師兄護航。此後，一哥外訪的助手崗位便無間斷的由阿滔充任。

鄰房到同房 ✽ 貼身照顧

師徒二人組遠赴各地表演，絕非輕裝上路，畢竟是「四手」團隊，既要帶備表演所需物資，還有個人行李。「一哥的所有行李都不許寄艙，需要手提，他擔心遺失。」既背負「一哥鮑魚」金漆招牌出行，一哥固然是主角，鮑魚也是要角，所選的必須優質，故要自行帶往目的地。鮑魚乃奢侈品，價值連城，不容有失：「鮑魚，一哥必定跟身。」他出現在機場時，揹着一個臃腫的背囊，每每就是寶物所在，雙手挽着自身行李。阿滔戲言：「遠看像多了個駱駝峰。」作為助手，一雙援手自然不能怠慢，有氣有力如阿滔，無疑是上乘之選。

鮑魚是表演中的主角，當然要好好保護，阿滔充任海外遠行之「護鮑使者」。

鮑魚縱是要角，亦不能缺主角一哥而獨榮，畢竟它能綻放攝人味力，實有賴一哥的妙手與用心。一哥是整場表演的靈魂人物，旅途上阿滔的重責之一就是照顧好一哥的起居作息，讓他以最佳狀態亮相。早期出門，一哥仍活動利索，他倆各自入住一間酒店房：「我只是夥計、下屬，大家不會留宿同一房間，規矩上亦不合適。」很多時兩房比鄰，有時候選擇有門互通的相連房間，方便照應。一哥的作息

甚有規律，每天早上 6 時起床，之後便致電阿滔：「為免他等候，每天早上 5 時 45 分我已在他房門外候命。」一哥注意整潔，起床後沐浴更衣，阿滔在旁打點，繼而開始一天的工作。隨着一哥年紀漸長，為穩妥計，阿滔與他留宿同一房間，由晨起至晚上返回酒店，並料理他就寢安睡，照顧得更周全。

在外表演廚藝，模式因應主題有別。譬如「阿一鮑魚培訓班」，一哥會講解鮑魚的各種知識、挑選心得，並示範炮製鮑魚，以至其他拿手好菜，為數以百計觀眾獻藝，現場設大電視直播，有聲有色。風光的背後，需要大量準備功夫與配套，台上的射燈不免聚焦於一哥，但在他身旁走進走出傳遞配料的阿滔，雖隱於亮光後，卻是成就這許許多多的關鍵一環，在場的觀眾壓根兒未必察覺。他舉例說：「一碟炒飯是怎樣形成的呢？」油鍋尚未燒熱前，便要備好白飯、蝦仁、拌勻的蛋漿、叉燒粒、葱花、火腿汁，這些阿滔要由零開始預早整備。比方叉燒，亦非到燒味店買來現成的：「由一件豬肉開始，醃製再燒成叉燒，我懂得做，故自行製作。」他鑽研過叉燒製作，富臨便有一道冠其名的「滔哥靚叉燒」。耀目的燈光縱然在身旁翻來覆去掠過，他亦無意進佔叨光，因為不需要，他只管做好份內事，讓表演順利完成，聆聽觀眾給一哥的掌聲。

「阿滔鮑魚，盡得真傳」，是一哥對阿滔之肯定。

自我慰勞 ✳ 鮑魚做早餐

與一哥並肩走過這一段段表演旅程，他反覆説：「開心的！走過了一段愉快的時光。」能夠一直持守這崗位，他深信自己做好本份，過程中，一哥不吝指導，繼而放手讓他試做，以至把任務交他安排：「大家一起闖南走北，緊密接觸，一哥看到交給我的任務都處理妥當，對我的信任增加了，才把重任交託。」後來外訪的接洽、聯繫工作都由阿滔負責，他需要事先查核每家合作的機構、組織，釐清背景、信譽記錄，提防與黑店為伍，歷年皆順利過渡，未嘗玷污名譽。

外訪表演以內地所佔比例較多，由粵境內的深圳、珠海、中山，繼而往北進發，如福州、廈門、寧波、無錫、上海、天津、北京，有時候款待的嘉賓更是國家領導階層人物，

真箇嚴陣以待。國境內走動，路程雖不若跨洲越省遙遠，但依然勞累，更試過馬不停蹄的來又去：「有陣子，一年外訪十多次，試過剛回來，放下行李，然後又挽起另一件行李出發。」與師傅跑江湖，一老一少都感到吃力，但苦中作樂，細碎瑣事蕩漾着暖心回憶。

有一回應本地旅行社邀請，參與美食團，在上海表演廚藝，一哥帶備了價值高昂的八頭網鮑做示範，貨真價實。表演過後，辛勞製作了鮑魚，一哥着阿滔：「去品嘗一下鮑魚。」行程緊密，當刻委實太累了，阿滔捉弄師傅：「可否不試，『折現』吧？」一哥沒好氣：「折你個頭！」阿滔回想，當刻信口開腔，卻也不離實況：「難聽一點的講句：自己吃鮑魚，多過吃番薯。」他強調並非自負吹擂，而是工作所需：「作為廚師，經常接觸鮑魚，必須試味，讓味蕾留下記憶，體驗箇中感受，累積經驗。相反，作為城市人，平常少有吃番薯。」當然，鮑魚總歸味力沒法擋，何況是師傅炮製的。

鮑魚給保存下來，翌晨着酒店人員翻熱品味：「我們用鮑魚做早餐！」多豪氣，那豪氣是其廚師任務的一環：手到，更要口到。由台上的嚴謹獻藝，到台下的輕鬆品味，師徒一應一和：「我們可說是很有默契的，能夠互相尊重，彼此信任；否則，沒法子一起闖南走北，大家的感情亦愈見緊密。」兩師徒並肩，遠征旅程愈走愈遠。

兩師徒走過名山大川，外訪
交流獻技，縱使旅途遙遠、
行程緊密，一哥身邊總有阿
滔的身影，兩人形影不離。

味力盡顯 ✳ 神州到美加

與一哥結伴外訪表演，在芸芸行程中，遠赴美加之旅，阿滔的印象尤為深刻。隨着獲一哥信任，跨越大洋前赴北美洲這種大項目，亦交託阿滔，兩人結伴長征。目的地是美國洛杉磯。歷經長途航班，一哥備受時差困擾，難以入眠，圖以安眠藥解失眠苦況，阿滔為免師傅服用過大劑量出現不適反應，限制他只服一顆。雖然休息欠佳，專業如一哥還是悉力以赴，獲觀眾讚賞。

遠征北美 ✳ 掌聲響不絕

「阿一鮑魚金輝夜」晚宴於 2007 年 11 月中在洛杉磯舉行，屬廚藝獻演結合佳餚品味的活動，一連舉行三晚，每夜筵開 20 圍，每圍共設 10 位，價值一萬美元，即每位一千美元。演出反應熱烈，座無虛席，三晚共招待了約 600 位賓客。一哥的表演貫徹始終，實幹穩妥，阿滔概括：「他在台上的作風務實，分享多年經驗，示範如何演繹鮑魚，毋須硬滑稽亂搞花招，來賓想看的就是一哥的風采。」阿滔從旁偷師，逐步磨練站台技巧。本身也是飲食界一員，他亦銳意為業界獻綿力。修畢中華廚藝學院的大師級中廚師課程後，他獲選為第一屆大師級廚師支會主席，有機會獨

無論是課堂解說，或是宣傳示範，阿滔面向大眾時都能輕鬆自若，他認為是多年來跟隨師傅累積下來的經驗，令他終生受用。

自站於舞台前沿，包括在會議展覽中心向公眾分享廚藝，另外亦參與其他示範推廣。面向公眾時，他表現得氣定神閒，生動風趣：「跟隨師傅在外跑了這些年，所謂熟能生巧，現在已不會怯場。」

為盡助手之職，阿滔必然集中注意力於台上演出，但也爭取機會退後一步，綜觀全局。是次衝出華人社區，到西方觀摩，誠然開了眼界：「雖然大家都主理粵菜，但各有不同『做手』，無論起菜、侍餐，整個宴會流程安排，如何做到順暢利落，美國當地有其特色。」是次「金輝夜」宴席，一哥預備了各種名貴食材，鮑魚以外，遼參、魚翅、燕窩一一登場。出席者除華僑，亦不乏外國人，礙於文化背景有別，他們未必了解這些食材的價值，以至品味精粹，一哥在台上的講解，無疑是最佳的指路燈，但能否憑燈認路，學懂欣賞，總歸各自修行，充滿未知數。阿滔欣喜追憶：「料不到外國人都很欣賞我們做的菜式，菜餚都吃光了。」

2008 年，他倆又動身前往加拿大溫哥華，旅程背後有一個動人故事。居於當地的一位余老先生，罹患癌症後進醫院治療，獲醫療人員悉心照顧，生命延長了數載，他甚為感激。奈何人生總有盡頭，這位余伯臨終前念念不忘感謝醫護人員厚愛，表示會邀請名廚好友前赴加國，為醫療團隊

炮製一頓好菜，以示答謝。所說的正是一哥。一哥身體力行圓滿他的遺願，特意前赴當地，並與該醫院合作舉辦慈善晚宴，一來以美饌感謝醫護人員救死扶傷的熱忱，亦為該院籌款。

一哥以其載譽美食，遙向余伯致意，代他向醫護團隊送上感謝，列席的醫護人員及外國人賓客均樂在其中，大快朵頤。阿滔憶述：「我向出席者了解，對我們做的菜式，他們都很欣賞，開心享用。我們登上舞台時，掌聲雷動。」

一哥及阿滔應溫哥華余老先生邀請，與醫院合辦慈善宴，向當地醫護送上感謝，美食及善心跨越數百公里到達海外。

憂心家長 ✤ 守望孩子歸

在外跋涉，目睹優點，固然值得學習，若遇缺點阻路，氣結以外，也截然是警醒，引以為鑑。有一回阿滔隨一哥赴珠海出席鮑魚培訓班，參加者多達 200 人，他們早已備好 200 隻鮑魚，至於熬製鮑汁的材料，只能交託舉行活動的飯店，阿滔預早通知，要求準備雞、豬肉等材料的分量。活動舉行前一天，他倆於晚上抵達珠海，只有一夜時間，準備工作必須密鑼緊鼓展開，檢查材料時，竟見空空如也。

阿滔追問下，始知負責的廚師已跑到珠海市外圍的灣仔跳舞作樂，早把購置食材之事扔到九霄。時近深夜，動氣於事無補，須謀求解決方法：「我在酒店大門外踱來踱去，心煩不已，明天已是培訓班，怎樣張羅材料熬湯？」他在街上徘徊，赫見一家名為「湛江雞」的食店，銷售熟雞。無計可施下，他上前打探，獲悉該店飼養了一批生雞備用，遂靈機一觸：「我向老闆讓來 10 隻生雞，以熟雞的售價購買。」總算找到可用之雞，豬肉等材料無望，只有放棄，至少有雞隻，能確保上湯的鮮味。

際此深宵時分，飯店廚房內人影綽綽，店主以為有賊闖店，探看下赫見阿滔在忙，始知手下誤事，於是派人把禍首緝拿，厲聲苛責：「老闆怪罪他們連累我半夜三更在趕工，

阿滔隨一哥外訪多年，練就一身好功夫，縱然面對任何難題，他都能咬緊牙關解決，學會認真處理每件事，他笑言現今的自己是捱回來的。

負責的還要是主廚。廚師的工作態度不能如此輕率。」他抓緊時間熬好湯汁，翌日按原定計劃端到台上供一哥應用，不動聲息，如沒事兒般，讓一哥穩妥的完成表演。「這些辛酸無人知道，過後我沒有向一哥談及這件事。」

在飲食業界幹活雖逾 30 年，阿滔還很年輕，理解青年人貪玩的心態，惟本身行事認真，對工作一絲不苟，深明廚師工作講求團隊合作，環環相扣，連繫中斷，生產線便瓦解。回望自身，他不禁感懷：「熬過一段很長的時間，從沒有嬉戲塞責，現在所得的都是捱回來的。」當然，他亦會偶爾圖開心，純屬無傷大雅，豈料從中也上了寶貴一課。另一次內地行，目的地上海，這次他們留宿於公寓式旅館，氣氛帶點家的意趣。

抵埗後，接待單位的負責人邀他們前往「新天地」遊覽。該處乃結合商業、餐飲、娛樂於一身的旅遊地標，於千禧年後才落成。公幹期間體驗當地文化，亦不為過；但一哥滿腹疑慮，如父親般囑咐：「那兒治安差，好危險，人家叫你去你都不要去呀！」阿滔遂大派定心丸：「由負責人林總帶路，不用怕呢！」縱然隨人家遊歷，一哥的話言猶在耳，他生怕老人家掛心，不敢放肆，臨近午夜便返住處。回到公寓已近凌晨一時，悄悄開門，剎那間心下一凜，發

現一哥還沒有入睡：「嚇我一跳，一哥在等我門，還問我：『有沒有飲醉酒呀？』」憂心家長守望兒子歸家的身影躍現眼前。「真教我過意不去，翌日那負責人又邀我外出，我都不敢同行。」這座公寓旅館彷彿弄假成真，家的味道滿盈。

一老一少旅途相依，阿滔生鬼的比喻：「可謂『日久生情』！」那種情，是溫情，是親情。他撫心自問，對師傅、對長輩的關心，發心單純：「自己『傻呼呼』的去做，非要博取好處，亦不是謀求利益；師傅觀人於微，他是明白的。」這種結伴同行的關顧情懷，由長途到短途，即使在穿過熙來攘往行車道的轉瞬，依然體現其中。

每次到外地宣傳交流，阿滔安守本份盡心照顧師傅；在一哥心內也記掛徒弟，處處予以提點。

咫尺短遠 ✻ 情尋家鄉味

相對於遙遠的旅程，阿滔與一哥亦不時來趙短線遊：「我們每隔一、兩個月便去一次旅行。」譬如前往中山、珠海等周邊鄰近地區，往往結合表演工作，乘公餘間隙遊逛。所説的「遊」，很多時是尋味之旅，滿足口腹之樂。行程再短一點的，鄰近澳門也是他們經常踏足的地方，還可以再短一點，就在香港境內遊走，探著名食肆，找隱世奇味：「有時我們會去歎個下午茶，或者品嘗甜品，譬如源記，師傅喜歡桑寄生蛋茶、芝麻糊，大家走在一起，傾談的不外飲飲食食，輕鬆聊天。」

二人組旅遊團，耳聞目睹外，還有動了又動的嘴巴，遊歷不忘工作，又能寓工作於吃喝娛樂，二位一體，教人欣羨：「我們四處體驗美食，刺激靈感。」碰上精彩的菜式，腦海內點子翻飛，靈感驟來，一哥便提議：「這個菜如果這樣炮製，你説行不行？回去你嘗試做一做。」阿滔模仿師傅邊嘗味邊構思菜式的情景。然後按其思路，一直試做，持續改良，當選材、製作小節達至標準化，創新菜式由是誕生。

遊歷品味 ✳ 撞出新靈感

一哥大半生的事業發展都在中菜，一心一意，但他的味覺
歷程，絕不囿於一途，除受不了大辣的菜式，他樂於兼收
並蓄。他倆的尋味地圖，西菜是主要路線，此乃一哥喜好，
二人在澳門便吃遍名店，包括米芝蓮星級食府天巢法國餐
廳、貝隆餐廳，以及其他葡國菜餐廳等。阿滔讚歎：「他
是個很開通的師傅，任何元素都可以放在一起，像構思用
杏汁來煮魚。」一哥眼見西菜經常用白汁，認為中菜亦可
以，用中國杏仁製作便行，於是製作了一道杏汁東星斑。
如此變奏長做長有，番茄煮紅衫魚乃地道家常菜，他毅然
提升層次，弄出一道番茄東星斑。「他的創新構思不少，

西菜是兩師徒經常品嘗之菜系，不少創新菜式就在
互相砥礪之下創作而成。

師徒跨國萬里行 · 親情流露

富臨飯店執行董事邱威廉（右）在原有菜式上提出不少創新元素，加上一哥及阿滔對食材考究，令菜餚在傳統上迸發耀眼光芒。

譬如來個蛋白炒花膠，初聽會疑惑可行性，但炒出來一嘗味，實在精彩，口感幼滑得很。」

另一條覓食路線是日本菜，和式美味也是一哥愛好，不時選吃魚生，對人家的食材亦多所考究，於是普通的菜遠炒牛肉，搖身一變成菜遠炒和牛。阿滔認同一哥敢試敢做的創新勇氣：「炮製菜式不能夠墨守成規，一成不變。」歷年同走尋味旅程，見識如何邊品嘗邊創作：「有幸在師傅帶領下，到過很多著名食府，有機會增長見識。説實話，有些店索價高昂，實非尋常打工仔可以光顧。師傅對我，如同親人般看顧。」

前文述及一哥闊別家鄉中山經年始重返，阿滔為他細意安排行程，造訪前身為救濟院的高家基小學，讓傷心往事釋懷。翌日一哥揮毫題字，把墨寶餽贈阿滔，確認他是自己「單傳獨授」的鮑魚傳人。有些事毋須直白吐露，幾個舉動卻意蘊無盡，阿滔感動説：「師傅是感受到我對他的關愛。」此後中山便成了他倆不時造訪的遊點，嚴格來説，是回鄉，一哥從中尋回窩心的兒時記憶，透過的就是那些早烙心中的家鄉味道。

一哥早期的菜單多加入中山家鄉食材炮製，這些食物是陪伴他成長的印記。

崖口是中山臨近海邊的村莊，位處鹹淡水交界，海鮮類型眾多，像黃花魚、獅頭魚，還有其他美食，如中山別具風味的禾蟲，他倆留下多次造訪的蹤跡。阿滔指出，傳統中山菜式不少以鯪魚為主題，像醋煮鯪魚、鯪魚乾，以及醬鯪魚：「以醬料把鯪魚醃後再炮製，乾中帶濕，味道甚佳，在中山很流行。」一哥在半自傳體著作《朝陽貫一方》內，他憶述早年加入業界時構思的菜單，便適度加入中山家鄉菜，阿滔說：「這些食物陪伴師傅成長，他常常記掛住兒時的味道。」伴同文字刊出的配圖，所攝下的菜式都是阿滔親手製作的，對他恍若走了另一遍中山之旅。

粗菜精做 ❋ 素樸富情味

阿滔在香港土生土長，對於南方各鄉各鎮的風味食物，難以瞭如指掌：「像豆豉蒸肉餅，以至家鄉小點糯米角，我不懂得如何製作，相信很多本地人都沒有吃過，畢竟並非在那兒長大，一哥便教我如何做。」菜式的製作並不繁複艱巨，重點在那份素樸鄉情：「所用的食材毫不矜貴，吃下來卻有另一番滋味。簡單如豉油皇蒸豆腐，讓人聯想到兒時的味道，吃來格外開心，感覺強烈。」過程中阿滔亦有所領會，明白到構思菜式，毋須刻意堆砌昂貴食材：「不用把所有菜式都做到很高價，師傅這一條路線是『粗菜精做』，讓客人開懷細味。」

重遊故鄉，一哥懷念家鄉美食，在純樸的鄉情之下，令阿滔明白菜式毋須選用高價食材，目的是讓客人吃得開懷。

一哥開闢了這條「粗菜精做」路線，不時在富臨的餐牌驚喜亮相。「延續師傅當年的構思，今天我們的想法是：客人會惦念兒時的味道，卻不太方便站在街頭進食，他們可以安坐富臨，一樣品嘗到這些坊間美食。」如葱花蝦米腸，模擬坊間做法，豉油、甜醬、辣椒醬等無一遺漏另碟奉上，客人按喜好拌勻細啖。當然，富臨作為高尚食府，在菜式變奏上可以更進取，承襲民間飲食智慧之餘，引進優質食材。像貴氣煎釀三寶，以青椒、紅椒、茄子，釀進新鮮的東星斑、龍蝦及海蝦，鬼馬地以竹籤為食具，襯以紙袋，

呼喚舊時情。阿滔打趣道：「假如我們推『碗仔翅』，説不定可以用『金山勾』魚翅。」富臨竭力追求創新意念，橫向是中外糅合，縱向就是今昔融和，美食也可以「穿越」：「管理層的想法很開明，菜式拓展的空間很闊。」

追隨一哥多年，據阿滔觀察，他「以客為尊」的作風始終如一。概括一哥的烹調精神，他認為是「用美食帶給客人歡樂，令客人有家的感覺。」歷來種種構思、創作，都是回應客人對味道的要求，盡量滿足食客，阿滔說：「我很享受每一天的工作，當中有很多新意念、新刺激，我會按照師傅的路用心學習，繼續走下去。」

一哥提議的「粗菜精做」路線，讓富臨飯店的餐牌格外亮麗，例如魚叉燒以赤鯛魚炮製。阿滔說：「用美食帶給客人歡樂，令客人有家的感覺。」

貼心關顧 ✻ 侍奉如至親

一哥出身自營業部，憑敏銳觸覺，出廳面，進廚房，早已細意摸索食肆廚房的運作，及後立身灶前炒鑊，獲封世界御廚，誠屬傳奇。阿滔從徒弟角度認為：「師傅非廚部出身，嚴格來說不是最專業的廚師，但他是很用心去指導後輩的師傅。」阿滔是其中一位受惠者。向一哥討教的人來者不絕，他樂於施教，徒弟眾多；但阿滔與他共事，更持續結伴遊走獻藝，關係是不一樣的：「我有機會侍奉師傅他老人家，很感恩。陪伴他一同走人生路，令我的人生路也留下難忘的點點滴滴。」

少年時代喪父，阿滔侍母至孝，及後遇上一哥，奉為師傅，孝敬之心油然而生，秉持「一日為師，終身為父」的想法，對師傅愛護有加，非圖謀私利：「孝順師傅是理所當然的，無論工作、人際關係，他幫助我很多。因為他，更多人認識我；聽到人家說：『這位是一哥的徒弟』，我很開心。」他們師徒和睦，眾所周知：「飲食行業的師兄弟，個個都知我對師傅好。」師傅言談間也曾誇獎他：「誰像你那樣乖仔！」他帶點鬼馬、以嬉戲的口脗補充：「外邊人見我們很親近，私底下我們時不時打起架來⋯⋯哈！哈！哈！」純屬說笑。雙方的關係以尊重為先，但也有鬧趣一面，基調是：「和師傅一起，感覺很溫暖、很親切。」

飲食業行內人都知
道阿滔孝敬師傅，
他感恩能夠侍奉恩
師，因為師傅教曉
及幫助他的，實在
令他獲益良多。

以客為尊 ✳ 不踰越界線

回溯與一哥認識，到成為師徒的歷程，阿滔劈頭便説：「師傅是一個好好的學習對象。」歷經 30 年，他把這句話無限發揮，除了廚藝，待人處世上亦獲益匪淺。一哥真誠待客的專業精神，與客人有良好互動，他由衷佩服：「師傅為人謙虛，樂於聆聽客人的意見。他接觸很多食家，他們不安於普通菜式，師傅致力滿足他們，驅使他在廚藝上力求進步。」師傅走進食客當中，即席為客人做菜，實乃中菜圈的創舉。今天，阿滔延續他的身影，每當把廚房事務安排穩當，轉身執整一下儀容，便走出店堂招呼客人：「我總會預備好一套乾淨的廚師服，衣履整齊的出來見客，不會一身油煙氣。」

阿滔的住處與富臨飯店相距不遠，因利乘便，即使休假日亦會回店視察，了解當天的運作情況。此外，尚有其他原因：「與熟客打個招呼，有些熟客來店都想見到我。」這天他接受訪問，之後與記者在附近一食店用膳，甫坐下，電話響起，湊巧有熟客光臨，想試一試阿滔的手勢，他二話不説即折返飯店。儼如超人變身，毋須電話亭，瞬間披上廚師服，便為客人起鍋做菜；與客人淺談後，卸下廚師服便返回與記者相約的座席，不慌不忙，習以為常：「對客人的要求，我都盡量做到。」

富臨的客人很長情，阿滔在職多年，與不少客人稔熟：「客人會問候你的近況，閒話家常，讓我感到很窩心，大家打成一片，互有交流，如同朋友。」有時候，客人更領他到一些特別的館子用餐，打開味覺版圖。至於有否更深入的交往，他肯定的説：「沒有。」與客人維繫友誼雖好，但從專業角度亦要明白當中的界線，不宜臨門造訪，登堂入室：「那就過度了。」這種意識，與一哥的作風，可説不謀而合。

在一哥身上除了領會廚藝技巧外，阿滔的待人處世及款客之道也隱隱滲有一哥的影子，他希望將這些專業態度傳承下去。

一哥入行之初，憑友善的待客態度，頗得客人歡心，但他知所分寸。在食肆內殷勤招待客人是必然的，但在街上偶遇客人，他不會過於熱情，除非客人主動呼喚他，否則不會貿然上前與客人相認攀談。他坦言在食肆內客人喜歡你的招待，但在外邊的公眾場合，卻未必想你叫喚他或表現熟絡，他從經驗累積這種做人處世哲學。

無分彼此 ✳ 徹夜守床側

一哥持續與客人互動交流，推進自我；同樣，阿滔亦力爭上游，於 2018 年修讀香港中華廚藝學院的「大師級中廚師課程」，直言：「我有追求，想豐富本身的知識，要跑得更遠，對自己有個交代。」該課程為期半年，報讀者須有 10 年以上的廚師資歷，每星期騰出一個全日出席面授課堂，一個月 4 天。一眾資深廚子分身乏術，必須極具恆心與毅力，才能完成，阿滔目標明確，當然全力以赴：「課程內容很全面，天上飛、水裏游、地下走的食材，無所不包，中西美食、南北美點均有觸及。」由理論到實踐，這批致力朝「大師」進發的資深廚師，力求更上一層樓：「我早已離開校園，這次卻很享受回校上課，感到很充實，的確深化了知識。」

一哥向來支持中華廚藝學院的活動，眼見徒弟學有所成，自然欣喜。2019 年，阿滔更獲選為酒店、旅遊及廚藝學院校

友會大師級廚師支會主席，一哥替他興奮：「師傅提議筵開幾席來慶祝，我覺得有點鋪張，因為疫情而沒有成事。」為增進廚藝知識而進修，阿滔絕對公私分明，以休假日前往上課：「放學後已近晚市，我依然回來飯店了解當天狀況。」如前述，休假日也回店，有多個理由，當中包括：「想回來見一見師傅。」多年來，一哥維持每天回店視察的習慣，與客人寒暄，與同事交流。

一哥、邱威廉、富臨同事及友好一同出席阿滔成為大師級廚師支會主席的就職典禮，以示慶賀。

2018 年，遠赴南非鮑魚場參觀，細心研究鮑魚品種，務求為食客送上最優質的食材。

約 10 年前，因受長期病患影響，一哥的健康遜於從前，縱然回店，午後須小休，故特別在飯店附近闢設休息室，每天前往稍歇。護送他前往的，亦是阿滔，並從旁協助料理，期間有數年，真箇年中無休：「師傅的徒弟多不勝數，而我有幸追隨他多年，能夠侍奉他老人家，覺得很開心。」

一老一少的親情關係益見滋長。有陣子一哥抱恙，特別是動過手術後，需要留院靜養。期間阿滔持續留宿於病房，陪伴在側照顧，即使較為貼身的清潔護理，亦親身協助：「我們之間可謂無分彼此，雙方的感情可以那樣深厚。」一哥育有二子一女，個別已移居外國，均沒有繼承父親衣缽，從事飲食業以外的工作，各為本身的事務忙碌；至於阿滔，畢竟與師傅同在飯店工作，天天相見，較親人接觸得更多，於是盡表心意，殷勤侍奉。他開玩笑的說：「醫院的護士也對我生起好感。」

師徒並肩多年，他倆的身影彷彿慢慢重疊起來。這天阿滔架起一副款式清簡的眼鏡，直言：「這副不是師傅送的，是自行配的，但與師傅戴的那副同一款式。我見他戴來有型好看，所以也配上一副。」模仿之餘，也提醒自己師傅的行持修為。當然，參考模仿亦非搬字過紙，也會消化重整，甚至希冀別出蹊徑：「我有超越師傅的想法。」殊非口出狂言，他認真披露，指師傅歷年專注於鮑魚一科，而自己則屬「全科」，宴席由頭至尾的每道菜都觸及：「我不敢講在炮製鮑魚上超越師傅，只希望在各種菜式的製作上精益求精，不要說誰勝過誰，能夠贏到自己，就當作勝出，所謂：『不求與人相比，只求突破自己』。」

阿滔與意大利名廚 *Roland Schuller* 合照。他銳意更上一層樓，豐富廚藝知識，希望在中菜方面精益求精，讓自己飛得更高、跑得更遠。

資深員工劉配光、王令儀：
愛店如家

前總廚劉配光 ✻ 嚴謹創新穩水準

1989 年，劉配光入職富臨飯店出任二鑊。那時選擇加入，多少為開眼界：「富臨已具名氣，作為同業，定然認識一哥的大名，故想進來見識。」當時「一哥」楊貫一主力對外款客，亦兼顧廚房出品，他隨大夥兒喚他「師傅」：「師傅很嚴格的督促我們，出品稍有差池，便很緊張，走入廚房教導我們應該怎樣做。」一哥對食品製作的每個環節都考究，親力親為：「上湯是做菜的命脈，譬如做魚翅菜式，那時很多客人前來品嘗。上湯，早一水，晚一水，一哥定必親身試味。」意思是早市和晚市各熬一鍋上湯，一哥別無二致都會細心品味，確保食物水準。光哥欣賞一哥認真處事的作風，他也受到感染，致力做出讓食客開懷享用的菜式，從中體味到滿足感。

光哥形容一哥待下屬嚴謹，卻非兇惡，純粹用心教導，他指雙方的關係「亦師亦友亦父！」之所以視如父，只因「我們像個大家庭，與不少同事合作了幾十年，以誠相待，關

係很融洽。」與較他遲三年加入的黃隆滔，有着師兄弟的情誼，今天各師其職，管理廚房：「廚房齊人時，共有16位同事。阿滔負責督導廚房整體運作，且較多對外的事務；我則屬炒鑊，坐鎮廚房為主。」無數電視飲食節目只捕捉廚師在灶前神乎奇技的做菜，卻鮮少聚焦砧板師傅的刀工絕活，光哥從行內角度剖白：「有句術語：『生砧板，死灶頭』，指砧板較炒鑊更為重要。」他續解釋，砧板要確保食材新鮮，預備恰當的分量，同時要控制貨源、衡量貨價、管控好成本，牽涉眾多工作，屬於重要崗位。

前總廚劉配光（左）在富臨飯店任職33年，當年久仰一哥大名，故加入富臨飯店當二鑊，一直以來令他眼界大開，亦受一哥感染構思做好新菜。

上圖：光哥（右）坦言仍要在造型賣相方面繼續學習，令富臨飯店維持高質素的粵菜水準。

下圖：2017 年，光哥及阿滔兩師兄弟在富臨飯店 40 週年暨小母牛慈善晚宴上，向嘉賓介紹菜式，光哥成為富臨飯店不可或缺之一員。

道來言之成理，亦隱現光哥的謙虛個性，炒鑊作為滿足食客味覺享受的關鍵一環，豈屬等閒角色。掌廚多年，經驗老到，但他旋即強調：「我仍然在學習。傳統粵菜側重火候味道，至於營造美觀的造型賣相，需要多學習。」他致力與拍檔合作構思新菜式，砥礪交流，卻不會勉強為新而新，藉摸索嘗試找出新口味，卓有成果。「師傅啟發我們，用柱侯醬來燜牛尾，帶出粵式風味，與西菜截然不同，賣得非常好。」尋常菜式，在小節上來個破格變奏，又見一功，像梅菜煎焗雞，把雞調好味再煎香，加入經爆香的梅菜共煮：「梅菜爆香後格外惹味，在傳統菜式上做出新意。」

作為廚房主帥，對下屬管理，光哥強調推動自律，各展所長：「維繫團隊精神，按公司的方針，大家都掏出一顆心做好工作。」富臨已連續三年摘下米芝蓮三星，他坦言有壓力，但不會卻步，反多走一步，把好關口，嚴守尾門，確保端到食客面前的菜式均合符水準，不容有失。他認為富臨的亮點，正正是多年來菜式都維持高水準：「做傳統粵菜，保持水準是最要緊的，加上不斷添加新菜式，贏得好口碑，客人便會繼續捧場。」

公關助理王令儀 ✳ 誠摯款客跨世代

富臨自開業起，兩度遷址，落戶三間店舖，王令儀親身經歷。早於 1985 年加入，在第一家店負責樓面工作，期間目睹一哥辛勤鑽研鮑魚：「在後巷搭起車棚，和助手一起煲煮鮑魚，偶然失手做壞了，他表現失望，每當做得好效果，他真的很興奮。」對一哥的敬業樂業精神，她由衷佩服：「每天他是最早回店的，即使翻風落雨，甚至抱病，他都不會休假，照樣回店坐鎮。」平日他細心指導樓面款客之道，切忌在店面大呼小叫：「他不要飯店變成『地檔』！曾有同事開罪了客人，他會嚴厲訓示，一哥年輕時火氣比較大。」

火氣雖大，算是嚴父本色，儀姐坦言：「一哥視下屬如家人，像教兒女般指導，做得差會責，做得好會讚，我們也當他如父親，所以多年我從未想過離職。」同事間親如家人，對客人也滿有親切感。迄今她仍肩負款客重責，牢記客人資料，不會錯認：「待客方面做到賓至如歸，不少熟客，已是第三、甚至第四代來光顧，相當熟絡，每次見面都好開心。」隨着飯店成為米芝蓮三星食府，多了一批新世代的客人，她站於最前線，亦不許固步自封：「做到老學到老，吸收新事物，譬如學用電腦，與時並進。」現時管理層、廚師與樓面員工定期開會，介紹菜式，他們須把

一哥敬業樂業之精神，公關助理王令儀由衷佩服，她亦學習一哥款客之道，抱着同心協力的工作態度應對每個挑戰。

製作、食材特點牢記，向食客介紹，並垂詢客人意見，加以反映。

富臨屹立銅鑼灣 45 載，店面人起人落，側映了香港歷程。儀姐印象猶深，1995 至 97 年間，內地客人大增，不乏慕名來飯店體驗豪吃之快：「店門外出現候隊人龍，他們未必太了解食材，但肯花費，試過要求點最貴的鮑參翅肚，又飲用了大量名貴酒，一席 13 位，埋單 60 多萬元，相當厲害。」她指這些客人對「劈酒」樂此不疲，連連乾杯，招呼上要靈活應變：「斟酒不能太滿，方便他們乾杯。」及至 2003 年「沙士」來襲，情況驟變：「試過一晚只得一、兩枱客，一哥都很憂愁。」這一「疫」轉瞬過度，歷時漫長的新冠肺炎疫情，影響更為嚴峻：「作為員工，與公司同坐一條船，多做一點又何妨，總之同心協力應對。」

富臨既是知名食府，風格愈見精緻，款客上亦要推陳出新，但根本的精神從未改變：「一哥待客人如同親人般，熱情招待，我們個個員工都向他學習，對待客人十分友善親切，滔哥（黃隆滔）如同他師傅一樣，對客人無微不至。」當年一哥提出的「美、味、形、潔」原則，儀姐仍牢記在心：「要做到漂亮、味道佳、賣相靚、乾淨，這是一哥創的，我們依然按照這個方向去做。」總括而言，她認為富臨的特色在於：「環境舒適，招呼周到，食物質素高，持續保持水準。」

儀姐（左七）坦言一哥視所有員工為親人，盡心教導；同事之間同心協力，保持飯店之高水準。

600 多隻 25 頭南非乾鮑在飯店列陣迎賓，氣派非凡，推介新產品「紅燒乾鮑」罐頭。

富臨細數 ✳ 風采

富臨開辦 45 年，迎來各方貴客。眾多文士對一哥的鮑魚、富臨的美饌心折，品嘗後主動揮筆題字，饋贈店家。部分墨寶以鏡框精裱，懸店內供食客欣賞。當中包括國寶級大書法家啟功所題的「阿一鮑魚，為國爭光」，不能或缺王亭之的「阿一鮑魚，天下第一」；另還有畫家劉海粟的墨寶。以往名人食客如畫家方召麐（前政務司司長陳方安生母親）亦曾題「飲龢食德」。

富臨既以鮑魚菜式馳名，現時廳面設置了玻璃櫃，內有乾鮑列陣迎賓。當中展示的為 25 頭南非乾鮑，合計逾 600 餘隻。綴飾之餘，亦藉以介紹新推出的產品「紅燒乾鮑」，正選用優質南非乾鮑製作。至於飯店銷售的鮑魚美饌，初心不變，堅持選用日本乾鮑。

星級

2009 年,《香港澳門米芝蓮指南》首次推出,該屆富臨飯店獲評為「1 星」餐廳。及至 2016 年,飯店首次摘下「2 星」榮譽,緊隨的 3 年續取得「2 星」佳績。2020 年,富臨更進一步,晉升為「米芝蓮 3 星」食府,亦是該評級制中的最高級。這一年,全港僅 7 家食肆獲評「3 星」,3 家為中菜館,當中 2 家由酒店集團所經營。

留名

一哥編著的 2 本著作:2009 年出版的《朝陽貫一方》,記錄他在飲食業界的拼搏歷程與成就;1998 年出版的《阿一鮑魚廚藝》,詳述其炮製鮑魚造詣,同時備日文及英文翻譯。富臨飯店在多本以食為題的華文著作中,以名店之身亮相。今年,富臨再次成為《南華早報》100 Top Tables 餐飲指南的港澳地區得獎餐廳,另外也獲 Top 25 Restaurants 網站選為香港 25 間頂尖食府之一。

第四章

Chapter

Four

藝傳承，情永固・美饌流芳

「師傅很珍惜鮑魚，
　經常查看、觸摸，
熟知各種鮑魚的特性，
　　好比對待人，
不久要和它們傾偈。」

~ 黃隆滔

一隻鮑魚、一個瓦煲，還有互敬互愛的真摯情誼，
造就一哥師徒的鮑魚情。

一條以師徒用「心」傳承廚藝為題的短片^(註2)，淺淺素描「一哥」楊貫一與黃隆滔的師徒情。

一哥欣慰其炮製的鮑魚成為經典菜式：「為何我那麼有決心做好鮑魚，因為不成功便成仁，我要讓世界上的人都吃到好的鮑魚。」阿滔指師傅為鮑魚菜式定下了標準，縱有一分差別，已非經典，他力克困難，銳意維護這經典：「我常常說師傅在飯店教我，他是真正的教導我，若他不教我，我怎會有今天呢！」他鼻子酸酸的剖白，一臉感觸良多，那真情流露的一剎，訴盡師徒間細水長流的鮑魚情誼。

註 2：短片來自「聯合利華飲食策劃香港」YouTube 頻道。

煮鮑魚訣竅 ✳ 歷練摸索

短片中，黃隆滔恭敬的端上鮑魚給「一哥」楊貫一品味，
一哥認真地剖開細味，回頭凝望徒弟，肯定的說：「好味！」
鏡頭所捕捉的，雖為拍攝再現，卻不是戲，而是實況。阿滔
在富臨磨練了七、八年後，與一哥的關係愈趨緊密，才敢
吐露擱在心坎多時的問題：「鮑魚其實是怎樣炮製的呢？」

一哥製作鮑魚的技巧向非秘密，既然飯店自己人阿滔肯學，
他樂意指導，兼且教足全套，由選材開始。他親領阿滔出

一哥樂於指導後輩，從精選鮑魚食材開始，觀其紋
理及光滑程度，是烹調鮑魚的第一步。

藝傳承，情永固．美饌流芳

欄選貨，從色、香、形審視：「不同的乾鮑受火程度有別，有些是很難煲腍身的，可以留意其表面紋理、光滑程度。」乾鮑魚的美味歷程，起點並非下鍋那一刻，在此之前已歷經蛻變，一如果皮演進成陳皮：「新水乾鮑色澤較淺，須置於乾燥、低溫的環境存放一段日子，產生陳化作用，鮑魚的色澤逐漸變深，散發陳香味。」期間必須定期細心檢查，以防受蟲蛀。

煮鮑魚精髓 ✳ 專心用心

對阿滔而言，學煮鮑魚乃工餘習作，他自行購買鮑魚在家做其烹煮「實驗」，妻子也被徵召幫忙察看火路。當時乾鮑魚的價格不如今天高昂，卻依然是奢侈品，要實驗取得成果，難免要大手投資：「前前後後，閒閒地都用了十萬八萬！」即使價值不菲，亦難走「慳字訣」：「不可能煲一隻，每次我會煲 10 隻，否則沒法子比較效果。」他按一哥的方法，以排骨、雞來慢慢煮鮑魚，過程中的各個小節，獲得一哥親自提點：「師傅很用心的教導我。煮鮑魚，浸發的時間很考究，拿捏火候則至為困難，究竟選用大、中或細火，煮的時間多寡，要逐步摸索，師傅給我不少意見，獲益良多。」煮好的鮑魚，他會拿給一哥品味，垂詢軟糯程度、食味是否合格，繼而再改善。

一哥費三年鑽研炮製鮑魚，始能成就，阿滔得其寶貴經驗，幸運地以一年時間已掌握箇中訣竅：「當然有過慘敗經驗，譬如無法煮脸，因為選了質素欠佳的鮑魚。」和師傅當年心情別無二致，鮑魚實驗真箇「盡地一煲」：「師傅親身教導，一定要成功，而鮑魚成本高，實在不容有失。」他由衷感謝師傅毫無保留的指導。一哥炮製鮑魚踏實認真，沒有弄出華而不實的所謂秘技：「師父做鮑魚的精髓，就是：專心、用心！」循一哥的路線前進，他歸納出幾個實而不華的要點：

遵循一哥烹調鮑魚的路線，阿滔秉承師傅的技巧，以瓦煲低溫慢煮，讓鮑魚最好的做法得以保留。

其一要用瓦煲烹煮:「熄火後,不鏽鋼鍋散熱快,相反瓦煲保溫相對強,起到低溫慢煮的效果,此謂『古為今用,新法製造』。」其次,切忌加入金華火腿共煮:「鮑魚本身已帶鹹味,而金華火腿鹹度甚高,會令鮑魚收縮,無法煮腍。」再者,要逐少注入水分慢慢扣煮,不能一下子全數傾注,他舉例解釋:「若一次過把 10 公升清水注入煲內煮鮑魚,鮑魚的鮮味會釋出到水中,相反逐次加入一公升水,水分揮發期間,仍保留鮑魚的鮮味,不會流失。」勾上適切的芡汁是點睛的一筆,映襯鮑魚的美味。對他炮製的鮑魚,一哥的評價是豎起大拇指,讚賞:「好味!」

鮑魚的品味標準,阿滔概括為:「軟糯溏心,鮑魚味濃。」他指部分菜館為求賣相碩大誘人,把鮑魚煮得發脹,啖下卻索然無味。他強調一哥為鮑魚菜式奠定了標準,已屬經典的味道;當代廚子雖講求創新,但豈能一概而論,至少在鮑魚製作上不適用:「創新不離傳統,師傅的鮑魚做法是最好的,因此毋須再改,更不用為改而改。富臨推出的菜式,我們有明確理念,所以會堅持。」一哥早已成立鮑魚製作團隊,獨立於廚房,貼身監控烹煮過程。現由阿滔接掌,他竭力維護一哥的標準:「我要保留這經典味道,這也是富臨的招牌菜式,若失卻了那味道,便不再是富臨的經典,那就沒有意思。」

「軟糯溏心，鮑魚味濃」是阿一鮑魚經典的味道。

品味真經典 ✳ 鮑魚有情

炮製上主力「守」，但食法上阿滔仍嘗試「創」：「其實創新的空間不太大，早前嘗試與其他材料配合，帶出新的品味經驗。」創新產品名為「鮑魚三文治」，驟看似是尋常中展現貴氣的嘗試，卻原來絕對精緻高貴，餡料選用鮑魚、海蝦，配以魚子醬，並用富臨點心部自家製的漢堡包夾起來細味：「效果不俗，很好吃。當然，論好味，自然是一哥的原味鮑魚。」

追隨一哥學煮鮑魚，慢慢體會到他那份「鮑魚情」：「師傅很珍惜鮑魚，經常查看、觸摸，才能熟知各種鮑魚的特性，好比對待人，久不久要和它們傾偈。」有一回師徒遊歷北京御仙都皇家菜博物館，在此結合參觀與進餐的場館，目睹鮑魚珍品，一哥拉着阿滔：「快點拍下照片！吃罷就不會再有了。」阿滔笑言師傅視鮑魚如同親人一般。一哥除了為富臨的鮑魚菜式奠定食味標準，更寫下大原則，堅持只賣日本乾鮑。阿滔指出，世界各地都有鮑魚出產，但師傅情有獨鍾，強調：「其他地方的鮑魚不是不可以，但我要做最好的，最好的就是日本乾鮑。」師傅的話他牢記心中。

富臨這樣描述其鮑魚菜式:「選用日本吉品乾鮑,其中的招牌鮑魚扣鵝掌,帶有絕佳口感及濃郁的味道。阿一鮑魚多年來已經成為其中一道代表香港的美食。」惟日本乾鮑益顯矜貴,生產線近年備受衝擊,像 2011 年日本東部發生「311 大地震」,帶來摧毀性的影響,當時一哥曾向媒體反映,日本網鮑的升幅高達四至六成。近年又有傾倒核廢水爭議,海產食材的前景陰霾密佈。於此大環境下,富臨亦持續探索,作好準備。

鮑魚扣鵝掌是富臨飯店的招牌菜,精選日本吉品乾鮑烹調,是香港的代表美食。

藝傳承,情永固,美饌流芳

149

日本於 2021 年頒授「在外公館長表彰（總領事表彰）」予一哥，表揚其輸出日本水產品的貢獻。

2019 年，在日本駐港總領事館安排下，富臨負責人邱威廉聯同阿滔到訪宮城縣仙台市，與生產業者及加工業者交流，了解現況，後決定繼續使用產自三陸的鮑魚。2021 年初，日本先後頒授了「在外公館長表彰（總領事表彰）」、「旭日雙光章」予一哥，表揚其貢獻。堅持售賣日本乾鮑外，飯店亦致力開拓，包括嚴選南非乾鮑，結合富臨的經典鮑魚食味，推出了自家製作的「紅燒乾鮑」罐頭，給食家帶來嶄新的乾鮑品味體驗。

上圖：2022 年，於春季外國人授勳中，由日本國駐香港總領事館總領事（大使）岡田健一（中）頒授「旭日雙光章」予中國飲食文化大師楊貫一先生，並由富臨飯店執行董事邱威廉（右）代領，表揚一哥對日本食材於香港普及所作出之貢獻。
左下圖：日本政府頒授「旭日雙光章」。
右下圖：「旭日雙光章」証書。

粵菜巧變奏 ✳ 創新精工

上世紀七十年代中起步，跨過千禧直走到今天，2022 年，富臨飯店慶祝開業 45 週年。從數字看，從歷程探，已可視作「老店」。然而，踏進店內，只覺氣氛雅致沉穩，柱樑間透着時尚氣息，毫不老氣。翻開餐牌，延續傳統粵菜軌跡，處處閃爍創意星火。凡此種種，有賴廚房團隊及管理人員用心推動。

「一哥」楊貫一炮製的鮑魚美饌乃富臨的標誌性名菜，毋庸置疑，負責人邱威廉還希望客人知道：「富臨的小菜其實做得同樣出色！」把守食品關口的黃隆滔也認同。創新菜式，如賦詩寫畫，講求靈感，如何發掘？毋須咬破筆桿，搜索枯腸，富臨團隊氣定神閒的從生活擷取。擁有創新思維的一哥，早已給大夥兒好點子，傳統菜式塗抹新彩，粗菜精做靈活變奏，已誌前文。徒弟阿滔秉持師傅多看、多聽、多接觸、多嘗試的精神，編織美味情緣。

一言點醒 ✳ 幻化吃點子

飯店廚子巧費心思做菜，務求讓食客享舌尖之樂。作為經驗廚子，阿滔依然敞開胸懷聆聽意見：「客人對菜式的要

雅緻的富臨飯店，題字對聯處處，置身其中品嘗經典粵菜，予人舒適之感。

求很高，部分更會提議廚房怎樣去做，我會細心聽，構思如何執行。」客人提出的僅籠統想法，波交到他腳上，看如何踢出「超」班水準。有客人想吃蝦仁炒蛋，問阿滔：「用赤米蝦做，可行嗎？」赤米蝦體型細小，多作白灼，剝殼挑腸用來炒蛋，誠然功夫菜，阿滔當刻卻已在醞釀如何更上一層樓。他決定把剝出來的蝦殼熬成湯汁，混進拌勻的雞蛋漿，下鍋做成不一樣的蝦仁炒蛋：「不僅蝦有蛋味，蛋亦有蝦味！」菜做出來，品味後驚喜不已：「赤米蝦啖來鮮甜無比，整個菜的效果提升到極至。」

富臨團隊人才濟濟，負責人邱威廉對構思菜式感興趣，平日閱讀、看電視節目，吃點子浮想聯翩。比方以清代宮庭膳食作背景的國劇《尚食》，每一集都端出教人驚艷的菜式，觀眾巴不得伸手進電視機取來享用。他有團隊在後，足以

執行董事邱威廉是一哥的徒弟，他的美食創意點子多，在烹調團隊互相交流試驗之下，一道道精緻的菜式在富臨餐牌上登場。

弄假成真，一道太極山楂露，稍加修訂成為杏仁芝麻糊，原來的紅白對碰變成黑白平分，客席亮相於富臨。另有一道蟹釀橙，以蟹肉、蟹膏與橙蓉釀進原個鮮橙中，阿滔說：「老闆的建議，能控制得到的我都盡量試做，這道釀橙試做過一次，可惜效果欠佳。」

幾年前，邱威廉和阿滔同赴澳門出席米芝蓮頒授星級的典禮，在飯聚中吃到叉燒，邱威廉信口問：「我們可不可以製作叉燒？」受制於廚房空間，難容大型燒爐，富臨不設燒味部。對老闆的建議，阿滔認真思考：「除了用燒爐做，叉燒也可用焗爐製作。」沿此方向探究如何做出最好的叉燒，彰顯自家風味：「我這叉燒的特色，是混入很多不同的香料製作。」歷經研究實踐，製成品符合預期效果：「和城中有名的叉燒比較，毫不遜色，勝在有自己的風味。」是哪些獨特香料建奇功？他指屬秘密，嘴巴的拉鏈封上了。老闆把這道菜命名「滔哥靚叉燒」。

他續把心得延伸，迎來一款魚叉燒，曾用來炮製赤鯛魚，為魚的吃法展新途。「把秘製的叉燒醬塗抹於魚身，再經煎焗，做出透着叉燒香氣的魚，一般人很少吃到。」這道菜的做法別開生面，源於照顧部分想吃魚卻又抗拒一般魚料理做法的食客，偶爾推出，讓客人吃得開懷。

藝傳承，情永固．美饌流芳

美酒佳餚 ✳ 絕配錦添花

舊瓶新酒，又或新瓶舊酒，重點在於「新」、「舊」元素重置擺位，撞出另類火花。「穿越」絕對是搜尋靈感的良方，奈何並非戲中人，難走神奇旅程，要玉成其事，得投入想像與創意。業界前輩向阿滔展示當年南園酒家的菜單，他被當中的小菜「玉液全雞」吸引，菜名如此標致，是怎樣做的？

南園酒家於 1927 年 2 月在中環威靈頓街開業，乃上世紀二、三十年代的著名菜館。奈何手頭只有菜名的四個字：「我只能自行構思！」他把玉液理解為以雞熬製的湯汁，至於全雞，一目了然；上世紀要品嘗一隻雞，絕非易事，時至今天卻不免普通。於是他把全隻雞起骨，繼而把吉品乾鮑、金華火腿、日本元貝、花菇釀進雞肚內，再封好，置於砂鍋，加入鮑魚汁一起蒸，完成後整鍋熱着上桌：「細味當中的材料，雞肉吸收了鮑魚汁，透着鮑魚濃香，而鮑魚也沾了雞肉汁的鮮味，可算我的代表作！」菜式給命名「富貴寶貝雞」。開發這道菜不算困難，笑言：「大概吃了 10 隻雞落肚啦！」由眾多貴氣食材凝聚的「玉液」實在誘人，他決定再下一城，在吃罷留下的湯汁放入廈門麵線灼煮，麵線吸收雞汁精華，給味蕾第二波衝擊，餘韻縈繞，他簡單一句：「非常好味！」

上圖：富臨飯店於 2019 年獲得「100 全球最佳中餐廳」美譽，予飯店員工深刻的鼓勵。

下圖：阿滔多次與不同烹飪團隊交流，一次又一次地突破自己，創製獨特亮眼的菜式。

小菜以外，甜品也突破傳統飯店框架，跳脫年輕，阿滔欣然吐露：「去年推出了陳皮雪條。」陳皮果香入雪條，新鮮有趣而不離經叛道，益顯貴氣。最初源於邱威廉吃罷椰子雪條，重溫幾許舊時情，想到富臨何不推出自家的紅豆沙雪條。阿滔又開動腦筋：「陳皮與紅豆至為搭配，所以把陳皮加入紅豆沙雪條，配以椰汁。」遂與本地手工雪條品牌 N*ICE POPS 聯乘合作，由富臨提供優質陳皮，製成自家的陳皮紅豆沙雪條，每支 50 元。「客人都很喜歡，部分更另外點了紅豆沙，把雪條蘸紅豆沙來吃。」

2015 年，富臨延聘了陸志文出任首席侍酒師，除為店內的佳釀籌謀，對菜式的改進也起催化作用。他說：「美酒、佳餚要配搭得宜，兩者須取得平衡，不僅要好飲好食，更要兩者同步提升，互相共鳴。」不僅為佳餚配美酒，也為良釀找好菜，持續與廚房部門有機互動：「為了配酒，要在食材上有所調校，以至發掘新食材，滔哥都盡力配合。」阿滔則戲說原本酒不沾唇，但在侍酒師帶路下踏上酒途：「不懂得飲都要飲！」驟聽是鬧趣話，他倆卻直言是金句。阿滔解釋：「沒有品味過，不知道哪兒優勝。我們試了很多酒和食物，發掘葡萄酒與哪些食物配搭最佳，產生哪種香味。侍酒師推動我進步。」

果然惺惺相惜，阿滔還有實證。上文提及他秘製的叉燒，曾安排在酒宴的菜單上，侍酒師認為原來的味道與相配的餐酒有衝突，建議大幅降低甜度，阿滔說：「叉燒原來的甜味會掩蓋酒的果香，甚至產生酸味，我按其要求特別製作『走甜』叉燒。」飯店熱賣的陳皮紅豆沙，阿滔盛讚陸志文也帶來品味新搞作。早前富臨與鐵板食府舉行的聯乘酒宴上，陸志文有感店內備有上乘陳皮，何不刨一點到紅豆沙中，一如意大利菜刨幾片矜貴松露到食材上，阿滔力讚：「陳皮的香氣在紅豆沙的熱力烘托下，更為強烈，整碗糖水昇華，好吃到『拍晒枱』！」

近年富臨致力舉辦酒宴活動，為酒、餚引進絕配之選乃焦點所在，阿滔與陸志文緊密合作，因應所配的酒調整菜式口味，或為酒而發掘搭配的菜式。「有一款西班牙豬肉，

「美酒、佳餚配搭得宜，可同步提升，互相共鳴。」富臨飯店首席侍酒師陸志文感謝富臨各廚師配合，合力發掘新食材配搭佳釀。

當時構思用哪種汁醬襯托較好，侍酒師提議用雜菌汁。一試之下，發現雜菌汁與香煎的豬肉非常搭調，散發的香氣又與所配的餐酒脗合，好建議。我們就這樣不斷的合作。」如此這般，在你我他持續互動、推動、行動下，富臨漾出不輟的創新動力。

2020年，富臨飯店與鐵板燒·鑄（IM Teppanyaki & Wine）舉辦美食交流活動，席間黃隆滔（左）及陸志文（右）聯袂日本餐廳總廚Mok San（中），讓中菜、日本菜及清酒互碰，擦出美食火花。

米芝蓮三星 ✳ 上下同心

2008 年底，首冊涵蓋港澳兩地食肆的米芝蓮手冊——《米芝蓮指南香港、澳門 2009》正式面世。於 2009 年獲評「一星」的餐廳中，找到富臨飯店。如此結果，可視為榮譽，但在業界卻議論紛紛，甚至引起媒體質疑。飯店負責人邱威廉憶述，「一哥」楊貫一對這評級，當時有點介懷，曾表示：「怎麼只得一星，而不是三星！」星的評級，涉及眾多因素，飯店上下還是以刻盡本份、服務食客為先。

2013 年底，飯店遷往信和廣場，新環境、新氣象，為革新奏響先聲，換上時尚外衣，注入新世代的營運模式。2015 年，聘請了首席侍酒師陸志文，給品酒這一環提升了闊度與深度，翌年飯店獲頒米芝蓮二星榮譽。陸志文指出，「星」的評級，需要各方面配合，如食物、環境、招呼、衞生，酒也是其中一項：「之前一年各方面都提升了，所以能遞增一星。這年我制訂的全新餐酒單，相信也是關鍵，因為評審員會試酒，了解是否以狀態優良的餐酒奉客，這方面飯店已大力提升。」

換上新裝的富臨飯店，環境優雅，新置的恆溫酒櫃為客人提升品酒的深度，為米芝蓮星級級數邁前一大步。

承先啟後 ✳ 交棒賀三星

原職酒店餐廳的潘健偉，於 2016 年加盟出任營運及項目經理，推動革新。在他眼中，富臨乃名店，當時僅屬米芝蓮二星：「一哥獲獎無數，是世界御廚，他創辦的富臨，國際知名，理應獲得三星，為何沒有？缺了甚麼？」他要找出這些缺，並夥拍團隊把缺損完好填滿，期間引進現代化的管理流程，強化服務，促進同事的歸屬感，提振士氣。2018 年底，業內流傳一個據說相當確鑿的消息：富臨將於 2019 年晉升為米芝蓮三星食府。他們陪同一哥前往澳門，準備在公佈典禮上取下三星榮譽。惜終究屬傳聞，到手的

依然是兩顆星。潘健偉對當夜情景記憶猶新：「實在過意不去，要一哥老人家搭船渡海去澳門，卻失望而回，雖然一哥放得開；當晚礙於流程，他還在台上站了一段長時間。」

然後，大家歸位再努力，朝「星途」進發。一年過去，他、邱威廉、黃隆滔等又赴澳門領取「成績表」，這年一哥沒有同行。去年的傳聞相隔一年才成真，富臨於 2020 年首獲米芝蓮三星。潘健偉強調：「這是整個團隊努力締造的，大家都興奮無比。」當晚的情景同樣深印腦海：「展示一次漂亮的交棒！一哥沒有列席，滔哥上台接過榮譽，在場的眾多同業都目睹。」阿滔歷年追隨一哥用心研習廚藝，以至飯店仝人悉力維護店務，大家都懷着一顆心，如潘健偉概括：「希望把一哥的美名發揮得淋漓盡致，把他和富臨那光彩延續。」

緊接的兩年，富臨上下屢創佳績，連奪三星榮譽。米芝蓮三星是讚賞、肯定，更是推動，團隊成員各有體會：

經理涂志明：「獲得三星，必然開心，同時要做得比好更好。有壓力是必然的，亦是一個警惕，要繼續保持水準，好像招呼客人、上菜，要劃一流程，很多細微位要跟進，達到米芝蓮三星的要求。」

整個飯店團隊努力摘下 2020 年米芝蓮三星榮譽，將一哥及富臨飯店的美名推得更高。

前總廚劉配光：「白頭髮都多了幾條！取得三星，壓力更大，但不會向下屬環環施壓，這樣反阻礙流程，工作得不順暢。固然要督促下屬小心，自己也行多步、望多眼，夥同拍檔小心跟進，尤其最後出菜一關，必定仔細檢查。對菜式處理倍加嚴謹，不能有任何閃失，未符水準的千萬別端到客人桌上，過不到自己。」

公關助理王令儀：「近年加入很多新元素，每個環節都加強了要求，事事更加嚴謹，才造就米芝蓮三星。這榮譽吸引到一批新食客，尤其是年輕人。得到三星，老闆當然好開心，我們夥計亦很榮幸能在米芝蓮三星飯店工作，個個做事都打醒十二分精神。」

2021 年再次成為米芝蓮三星食府，一哥及邱威廉難掩興奮心情，希望與員工同步向前，延續富臨精神。

藝傳承，情永固．美饌流芳

星級互碰 ✳ 迸發新光芒

一哥為富臨的美食傳統奠定基礎，阿滔與廚房部團隊延續其方向，維持高質素。歲月如流，環境續變，像款客等方面須與時俱進。作為米芝蓮星級食府，邱威廉指出：「服務的細節位，像嚴守上菜的規格，侍應對菜式的食材、製作須有扼要認識，能夠向客人講解，甚至平常與客人的對話、關係，也要拿捏分寸，避免不足或過度，這些都要培訓，並嚴格執行。」阿滔秉持一哥待客真誠的精神，獲國際知名餐飲評核指南的星級嘉許，他由衷道：「我好珍惜廚師這行業，感謝客人光臨，享受我們的服務。對我來說，每一位進來富臨的客人都是米芝蓮的評審，我必定做好菜式給他們品嘗。」

米芝蓮的評審過程秘密行事，絕不預先張揚，食肆無法針對性討好逢迎，須持續保持高水準。從富臨摘星的歷程所見，榮譽得來不易，無法臨急抱佛腳只做門面功夫。過去六年多，富臨新猷不斷，活力充沛，像致力與城內知名食府聯乘，或與新晉名廚碰撞，擦出亮麗火花，富新意，具深度，同進步。第一個跨食肆的聯乘嘗試，是 2018 年 1 月的「富臨飯店 × $8\frac{1}{2}$ Otto e Mezzo Bombana‧『搞東搞西』」晚宴，一哥與該米芝蓮三星意大利餐廳名廚 Umberto Bombana 合作炮製「四手」晚宴，備受好評。

一哥與米芝蓮三星意大利餐廳名廚 Umberto Bombana
舉辦的聯乘晚宴，將中、西菜系擦出火花，為業界
激發創新靈感，席間讓賓客留下難忘的味覺體驗。

活動由潘健偉策劃，聯同團隊合力推動。他指一哥過往亦不時作客 Umberto Bombana 的餐廳，大家互相欣賞，這次能夠合作，經驗難忘。活動過後，一哥拉着他說：「經理，這個構思相當不俗。」阿滔參與其中，欣喜分享：「常謂『中西合璧，天下無敵』，把各地不同食材搭配運用，能激發新靈感，給食客很多新意。」往後舉辦的聯乘，各有主題，但東西菜系碰撞始終引人入勝。訪問期間，他正為富臨與一家著名印度菜餐館的交流宴做準備。聯乘那「×」符號，劃來容易，實質含義無盡，對於富臨團隊，兩個菜系、兩類食材交融，須做到「我中有你，你中有我」，而非「你我並排坐」，阿滔解釋：「食材有限，創意配搭無限，但必須做出特色，不能強行為做而做，遠離了『雙互交流』的前提。」

他續指出，上一回中、意兩大名廚合作，當中一道松露炒飯便相當搭調，融為一體。這次與印度菜碰撞，試過以咖喱配搭鮑魚：「效果不行，咖喱的味道太重，把鮑魚味掩蓋。但以印度香料混入粵式叉燒，燒出另一種香氣，很可口。」另外，他以燒羊肉製作春卷，效果雖可以，但印度菜感覺過強，失卻特色。可見交流晚宴須歷經反覆考究、摸索。

疫情嚴峻，幾度限制夜市堂食，富臨作為高尚食府，受沉重打擊。團隊再次展現活力，推出外送服務，一星期內拍

上圖：富臨飯店團隊走訪意大利名廚 Roland Schuller（左三）位於曼谷的餐廳，期望在兩系食材上相互交融。

下圖：阿滔與米芝蓮一星餐廳 CHAAT 總廚 Manav Tuli 合作美食交流宴，讓中菜及印度菜開創先河來個完美拼湊，達到雙互交流之目的。

板行動，應變迅速，創城中著名食府先河。公司幕後同事搜羅存放食物效果極佳的外送器皿，廚子則憑經驗精選燜扣類菜式，確保到戶時依然色香味全。樓面總動員送餐，還有「特攻隊」，就是阿滔親身送遞的「總廚到會」，以及他和潘健偉孖住上的「三星到會」。外送服務對帶動營業額作用有限，重點是維繫客人，潘健偉笑言：「客人打開大門見我們兩個送餐，爆笑驚喜：『你哋搞邊科？』目的讓客人知道我們的近況，他們覺得窩心。」阿滔認同：「客人記掛我們的好味道，我們又惦掛客人，大家見面，齊來合照。把菜式做得好味是基本，這些就叫做『人情味』。」

富臨飯店不時與餐廳及新晉廚師合作交流，這回聯同米芝蓮一星餐廳Vea炮製中、法美食，讓兩地食材迸出特色。

承師傅精神 ✳ 指導後學

進入飲食業界之初，黃隆滔由低做起，目睹行業眾生相，憶述時他多次形容當時的從業者「高技術低文化」，意指在個人專業上雖表現出眾，但在人際關係，尤其對待下屬，常有弄權、欺凌等問題。其職業生涯主要在富臨度過，他誠懇的說：「我是幸運的，得到師傅、老闆的愛護，很難得。我亦很珍惜和同事相處的時光，大家有共同理念，他們都很包容我。」他這位連休假日都返店視察的人夫、人父，亦表白：「我太太、女兒同樣好包容我，很感謝。」

自言個性樂觀開朗，若能當上他的徒弟，大概和他一樣是個幸運兒。但這位置仍懸空：「我哪有資格收徒弟！大概要六、七十歲才可以收徒弟吧！」他嘗試退後一步瞭望，發現尚未有一位潛在徒弟出現在視線範圍內：「作為徒弟，我知道徒弟應該要有的態度，但我未遇到一個像我這樣的人，會謹守『一日為師，終身為父』的宗旨；孝順師父，尊師重道，都是徒弟要做的，現在大概沒有這種人了。」

院校講課 ✳ 出力又出錢

隨着基礎教育全面推行，近幾輩人學歷提升，包括從事廚房業務的人員，甚至有相對高的學歷，阿滔亦遇上了：「曾有科技大學的畢業生跟我工作，心知不會做得長久，但他表示想見識星級餐廳，那就給他機會。」結果一如預期，但對方亦工作了兩年。當然，更為脗合的是來自中華廚藝學院的畢業生，部分便來到阿滔的廚房「實操」，熬得過的便一起並肩作戰。

阿滔與這些生力軍，有着學長與學弟的關係。完成大師級中廚師課程後，他獲選為該學院校友會大師級廚師支會主席，幾年來定期回學院與學弟分享工作心得、人生經驗，鮑魚自然是講題之一。他經常強調：「何謂之做得好的鮑魚，單純講不行，必須要親身品嘗過。」上他的課堂可謂有雙重得着，聆聽之餘更有口福：「我自行帶鮑魚上課，給他們品嘗，可謂『出錢、出力、出席』，作為回饋學院。」

在其他院校也看到他的講課蹤影，譬如擔任澳門科技大學持教餐飲專業導師。另外，富臨飯店應香港都會大學李嘉誠專業進修學院邀請，指導該學院「美食導賞與造型攝影專業證書」課程學生，課程簡介指出「邀請多位行內星級專家擔任客席講師，包括楊貫一（香港富臨飯店創辦人）、

藝傳承，情永固，美饌流芳

黃隆滔（大師級廚師支會主席、富臨飯店行政總廚）⋯⋯讓學員親身體驗將食物、造型及攝影兩個範疇結合為一。」阿滔親身講解，並陳列了鮑魚等名貴食材供拍攝。從店內工作到店外講學，讓他與新世代無間接觸：「和年輕人交流，亦增長了我的知識。我經常探聽他們何以對飲食業感興趣，很高興年輕人仍有一團火。我不時鼓勵他們：捱得過，將來就是你的世界。」

此鼓勵語他幾番吐露。但新世代青年的處事態度、意志毅力常遭前輩詬病，阿滔的觀察是：「年輕人給我的觀感，大多是正面的。」如同不少業界中人所指，行業尋找新血甚為困難：「做廚這一行絕對辛苦，長時間困在店內，但現在新人入行已勝過從前，至少不會被人欺負。但他們往往較短視，很多人無法堅持初心，團火一熄滅就完結了。同時，年輕人亦不太願意聆聽別人的意見，也許我們之間有代溝。」在工作團隊中，持續指導新入行的年輕人，粗疏一點定義，算是「一場師徒」吧！阿滔卻不同意，提出明確劃分：「大家屬同事關係，師徒與同事，兩者有很大差距，同事可以隨時『分手』！我以朋友之道和下屬相處，若有問題，能解決的我會盡力做。」

上圖：阿滔努力指導後輩，不時透過講座、課堂將入廚知識及心得教育年輕一輩。他更獲選為中華廚藝學院酒店、旅遊及廚藝學院校友會大師級廚師支會主席，為弘揚中華飲食文化出力。

右圖：阿滔在一哥身上獲益良多，他將這份指導及教誨延至年輕的飲食從業者，不時鼓勵他們向自己的目標邁進。

藝傳承，情永固．美饌流芳

家內傳承 ✳ 父女論食事

在富臨工作，以至到院校給學子講課，可視為阿滔在飲食業界內的傳承。與此同時，他也不經意的進行了「家內傳承」。從小眼見掌廚父親的雄姿，女兒亦潛移默化，對烹飪產生興趣。女兒完成兩年制專業甜品課程後，冀任職業甜品師，更向父親披露：「我可以搞甜品店，將來大家一起打拼，你做粵菜，我做甜品。」不過，慢慢發現行頭較窄，心念一轉，何不直接隨父親工作，投身餐飲業的廚部。作為過來人，阿滔有貼身的經驗分享，深知投身中菜，若要上手，非有十年八載不行，必須堅持，故告知女兒：「這一行刺激、開心，但真的很辛苦，你承受得到嗎？」女兒自言年輕，有信心應對考驗：「哪一行不辛苦，我不怕！」

就這樣，她便進入了食肆廚房，與父親多了同行的關係，但暫未如早期所想「一起打拼」。歷練智慧，阿滔是這樣想的：「所謂『父母所生，別人所教』，由別人來指導會好一點。」女兒謀職時，阿滔曾抽空與她四處到訪食肆，寓了解行情於品味美食：「去我認為好吃的店子，試一試人家的手勢。」期間到訪友好經營的店子，老闆獲悉他女兒正物色工作，該店正招人，進而着他讓女兒到該店嘗試。現在女兒任職這友人經營的星級鐵板餐廳，接受磨練。

父女皆為業界成員，加上各自主理不同菜系，關於吃的話題自然多：「我們不時傾談，譬如某個菜式怎樣做得更出色，有很多新構思、新想法，她在鐵板餐廳工作，也會商量如何改進，怎樣發掘樂趣。大家傾這些，相當開心。」阿滔與一哥，師徒間情同父子，至於與女兒，固然父女情深，難得是同業，經常就吃點子交流，隱隱約約有着師徒互敬互勉的美意。如此廚子，公私皆有情，富臨的食客，品味其所做的菜，接受其殷勤的服務時，定體會到綿綿情意。

鮑魚，延續了兩代廚子對飲食的熱忱，希望一直將這份中華飲食文化傳承下去。

藝傳承，情永固，美饌流芳

生力軍陸志文、潘健偉：
傾注新意

首席侍酒師陸志文 ❋ 廣結酒客

2015年3月，陸志文加盟富臨任首席侍酒師。中菜館設
該職並不普遍，對他亦然：「我從未任職傳統中菜館，感
覺陌生，卻又有新鮮感，思考如何磨合，已是一大挑戰。」
當時富臨是米芝蓮一星食府，單單所用的酒杯、器具，皆
未符星級餐廳要求：「初來時最大的挑戰是甚麼都欠奉，
但有弊又有利。自己『一腳踢』做，沒有支援；但勝在自
由度大，老闆亦信任我，給我很大的空間去發揮。」要務
之一是為飯店設計全新的餐酒單，蒐集各酒莊的資料，就
類型、價格比較挑選，「同時要了解客人鍾愛哪範圍的酒，
選擇上加以配合。客人很喜歡這張新設計的酒單，累積了
一批品酒客。」隨後協助飯店首置酒櫃，對整體設計給予
意見。到任後翌年，富臨晉升為米芝蓮二星級食府，既感
鼓舞，亦相信所訂的新酒單對晉「星」起推波助瀾之效。

作為侍酒師，需了解葡萄酒的特性，如選用哪種葡萄、酒
莊背景等，才可以向客人推介。他亦會為客人按菜式建議

首席侍酒師陸志文（左）、阿滔及營運及項目經理
潘健偉（右）肩並肩，在品酒及營運等不同範疇，
讓富臨晉升米芝蓮三星最高食府級別，以及獲得其
他榮譽獎項，圖為獲取《南華早報》*100 Top Tables
2020*。

配搭的餐酒，事前須與廚部緊密合作。「我經常走入廚房
看師傅做菜，並且試味，了解可配搭哪類型酒，讓工作維
持新鮮感。」除了為餚配酒，他亦會按酒的類型，對菜式
製作提建議。以富臨熱賣的釀雞翼為例，早前介紹一款意
大利北部 Alba 地區生產的餐酒，「這地區可謂與松露掛
勾，我想到何不把松露配搭豬肉釀進雞翼，兩種食材與該
款餐酒十分配合，出來的效果理想。」

藝傳承，情永固・美饌流芳

陸志文認為中菜多樣化的烹調方法，與餐酒的搭配更深更廣，而且通過酒宴更可拓闊客源，面向不同界別的賓客。

以西洋餐酒配中菜，有無盡可能，驚喜連連：「相對於西餐，中菜的烹調方式多樣，蒸炒煮炸燜燉扣，搭配餐酒的範圍更遼闊。以龍蝦為例，不同做法可配口味各異的餐酒。」蒸龍蝦，可選高酸度的清新白酒，若以牛油或芝士焗，食材質感圓潤、油膩，可選厚身的白酒；以豉油皇焗，汁濃且甜，輕身微帶甜的紅酒，與醬汁匹配。

至於為酒宴制定菜單，他必須了解酒的特性，品味菜式，務求餐酒、菜式兩者取得平衡。過程中，他亦用心的與同事分享酒知識，如經常合作的行政總廚黃隆滔：「會給滔哥試飲一些酒，解釋所屬酒莊、特性等，讓他體會酒餚之間如何搭配。」他指佳釀內藏奧妙力量，酒宴有助拓闊客源：「每當品酒細味，各種界別、階層分野都消除，可以連繫到不同的人，我們因而接觸到很多不同的客人。」

營運及項目經理潘健偉 ✷ 有緣獻力

潘健偉早於八十年代末已和富臨結緣。有次父母帶他外出嘆茶，途經位於駱克道的富臨飯店，小孩嚷着要在此進餐，父母勸慰：「有錢人才可以進入這兒，你用心讀書，將來掙多點錢，就能夠在這裏吃飯。」當時「一哥」楊貫一已享負盛名，他印象尤深。怎料廿多年後上映續集，2016年3月他加盟富臨任營運及項目經理，推動革新。此前主

力服務酒店餐廳：「這次過檔，挑戰自己的能耐，希望有所發揮，當時一哥仍參與業務，時機剛好。」

在他眼中，富臨乃優質飯店，當時僅獲米芝蓮二星。探究下，欠缺了優雅氛圍，還有團隊的心態，失卻了活力：「希望自己起潤滑油作用，帶動這組齒輪再次順暢運作。」不甘埋沒這美好的餐廳，他訂定目標：「摘取三星，指日可待。當時我以五年為期，結果三年做到了。」期間推動管理革新，無微不至，包括理順人手安排、操作流程，讓工作更得心應手；促進服務，系統化操作；為同事設計劃一的制服，並印製卡片，提升責任感，強化自信；粉飾廳面，美化進餐環境。

店內同事大多資歷深厚，推動改革須循序漸進：「並非施壓，先由我做起，指導大家跟着執行。」其路向明晰，提升管理成效，良好的舊文化加以保留，並作優化。「達至三星，要做到團結、人和、家盛，一哥的名聲已發揮得很好，我們要合力把它再推進。」他重視凝聚同事，增強歸屬感，鼓勵大家把問題開誠佈公，以心為心，一起解決。人情味不僅體現在同事之間，與客人亦然。他欣賞同事與客人向來關係融洽，深獲信任，會與團隊延續待客賓至如歸的宗旨。他憶述居於新界北的一個家庭，歷年都來飯店為婆婆祝壽，疫情嚴峻期間只能訂外賣；有同事提議帶同

上圖：潘健偉自孩提時已與富臨結緣，他佩服一哥求新的態度，而且樂於分享經驗，非常享受在富臨工作的每分每秒。

下圖：潘健偉（右二）曾協助推動不少聯乘及宣傳活動，他期望這類活動能夠為飲食業市場注入動力。

鮮花及蛋糕送去，聊表心意，還穿上西裝送遞；婆婆看在眼內，非常感動。「無疑間或會有拗撬，但大家同心一致，我們連續三年獲得三星，是整個團隊努力做到的。」

到任後，他參與推動多場聯乘晚宴，特別是富臨首度舉辦、2018 年初由兩大名廚聯手的「富臨飯店 × $8\frac{1}{2}$ Otto e Mezzo Bombana‧『搞東搞西』」晚宴。2020 年又推出與鐵板高手合作的「本地薑四星四手晚宴」，他們冀藉此活動為市場注入生氣，振奮人心。他欣賞行政總廚黃隆滔處事滿腔熱忱：「滔哥個性開朗，樂意接受新事物，努力求變，不斷構思。」一哥亦參與其中，幾年來相處，他對一哥銳意求新的態度深感佩服：「這就是高手，又樂於教人，事事都分享，處事很大器。」

自孩提年代結緣，欣慰今天能投入推動一哥創辦的富臨：「富臨是香港舉足輕重的飯店，我很享受在這兒工作，好比圓滿了使命。」在外用餐時，偶聽鄰座人熱烈談論「阿一炒飯」，力讚其製作用心，一哥更親身在餐桌旁炒做：「聽罷我很感動，一哥、富臨的真功夫，在街外是備受討論、讚賞的。」

兩位富臨飯店的生力軍，為飯店形象、活動項目及品酒方面注入新意，聯同飯店各員工努力不懈的精神，為食客帶來用餐及味覺新享受。

富臨飯店｜四十載人・事

多年以來，富臨飯店不斷求變，以最優質的食材、服務，與顧客留下無數難忘回憶。適逢踏入四十週年，富臨將與你分享多年點滴，細味當中情懷

富臨45年來歷經變化，為食客帶來不少難忘的回憶；惟不變的是富臨的人情味，美食與愛相伴隨。圖為富臨飯店40週年時攝。

富臨細數 ✳ 蛻變

雅意

富臨位於信和廣場的店舖，內外皆瑰麗豪華。該廣場於 2012 年翻新，2013 年完成，富臨在這年底遷進，翌年 1 月開業，當天到賀的名人嘉賓眾多，230 多個誌慶花籃排列至地下大堂。店內裝修費達 2,000 萬元，裝潢帶現代經典色彩，沉實優雅，綴以中式的恬淡意趣，一列海景窗戶陳設精工陶瓷，另一邊則有富裝飾風的通透特色牆，另懸一幅富宗教氣息的刺繡。負責人邱威廉於蘇州的刺繡工作室初遇，為之驚艷，後迎請回來。作品以刺繡重現宋代李公麟的《維摩演教圖》，繡工精巧而不着痕跡。

酒藏

飯店於 2015 年引進首席侍酒師，提升品酒一環的層次，給予貼心的服務。同時豐富藏酒，目前設 4 個大型酒櫃，另置 1 個組合型陳列式恆溫酒櫃，酒款約 400 餘種，價格由數百至逾 10 萬元不等。品酒用具亦一絲不苟，按品嘗不同酒款作適當安排，單酒杯亦備 10 多款。

美饌

連續 *3* 年獲評為「米芝蓮 *3* 星」食府，飯店特設「米芝蓮 *3* 星套餐」，適時轉換。較新的一款菜單包括百花炸釀蟹鉗、原盅佛跳牆、花雕蛋白蒸龍蝦球、富貴扣米鴨等，以及阿一鮑魚扣鵝掌伴唐生菜（日本吉品 *38* 頭），甜品為陳皮燉雪梨及燕窩馬豆糕，每位 *2,380* 元。新冠肺炎疫情嚴峻期間，堂食受限，特別推出「外賣套餐」，精選的燜扣類小菜，不乏人氣之選，如阿一燜魚雲、陳皮咕嚕肉、燒汁焗牛尾，選 *4* 款小菜售 *1,500* 元、*6* 款則售 *1,800* 元。

品牌

富臨致力開發高品質包裝食品，利便食客，以多元形式分享美食。包括「紅燒乾鮑」罐頭，嚴選優質南非乾鮑，以富臨 *40* 多年來烹煮鮑魚的精湛技藝炮製，每罐售 *1,988* 元（限定優惠價 *1,488* 元）。節令美點也推陳出新，像 *2018* 年起發售的西班牙火腿月餅；另備手作陳皮瑤柱豆豉醬、古早 XO 醬；還有跳脫凍品，把富臨的經典甜品破格呈現，像陳皮紅豆沙雪條，每支 *50* 元；冰花蛋白杏仁茶雪糕，單球 *68* 元、細杯裝 *98* 元及大杯裝 *380* 元。

Chapter

Five

第五章

富臨經典名菜・細嘗粵菜滋味

用美食帶給客人歡樂，
令客人有家的感覺。

一哥自創的炒飯，選料上乘，
包括游水鮮蝦、瑤柱及叉燒等，
配上火腿汁調味，放入砂鍋慢炒，
以餘溫逼出瑤柱香氣，米飯乾身，粒粒分明，
是富臨賓客不能錯過的菜式！

✤ 材 料

白飯	300克
叉燒片	80克
瑤柱	60克
新鮮蝦	80克
葱花	60克
雞蛋	2隻（拂勻）
火腿汁	少許

✤ 做 法

1. 瑤柱浸至軟身，撕成細絲；新鮮蝦去殼、挑腸備用。

2. 砂鍋燒熱，加入油，下蛋液炒熟，再加入白飯炒至鬆散。

3. 放入叉燒片、瑤柱、新鮮蝦炒熱後，灑上葱花炒香，最後加入火腿汁調味即成。

由一哥精心研製，選用日本吉品乾鮑而成，
味道濃郁，口感絕佳，
成為其中一道代表香港的美食，
讓人一試難忘！

✤ 材 料

日本 40 頭吉品乾鮑	
腩排	900 克
老雞	1.5 公斤
雞湯	適量

✤ 調味料

鮑魚原汁	3 湯匙
雞湯	600 克
火腿汁	4 湯匙
老抽	1/2 茶匙
生粉水	2 湯匙

✤ 做 法

1. 鮑魚首先用清水浸 3 小時後，洗淨；再用清水進行第二次浸泡至軟身，如天氣熱需放入雪櫃，浸鮑魚水留用。浸軟的鮑魚剪掉沙囊，用牙刷擦淨鮑魚裙邊，沖洗乾淨。

2. 腩排、老雞用油炸香，分別用煲湯魚袋盛好，在瓦鍋放入竹笪，將袋好的腩排放下層，中間放入鮑魚，老雞放於上層，注入雞湯及第二次浸鮑魚水。

3. 煲滾後，改用中火煲鮑魚，期間如鍋內的湯蒸發後需再加入雞湯，煲約 10 小時，熄火，原鍋焗一晚。

4. 翌日再煲 10 小時；於第三天煲約 8 小時。這時用牙籤刺入鮑魚測試軟硬度，如未夠腍繼續煲煮。當全部鮑魚軟腍就毋須加湯，用大火將煲鮑魚的汁收成濃縮鮑魚汁，取出鮑魚及鮑魚汁備用。

5. 食用時將鮑魚、鮑魚原汁和雞湯放入砂鍋，加熱後以火腿汁調味，用生粉水勾芡，最後以老抽調色即成。

瑤柱焗釀蟹蓋

咬入口散發淡淡的鮮甜蟹肉及瑤柱香味，
烤焗至金黃色澤，賣相矚目，
成為富臨的手工名菜！

材 料

蟹蓋	2 個
蟹肉	100 克
瑤柱	12 克（浸軟、拆絲）
洋葱碎	80 克
雞湯	15 克
雞蛋黃	2 隻

調味料

鹽、砂糖　各適量

做 法

1. 將蟹肉、洋葱碎、瑤柱絲與雞湯拌勻，炒香後調味。
2. 將炒好的蟹肉在半乾濕時釀入蟹蓋，在表面掃上蛋漿。
3. 焗爐加熱至攝氏 200 度，放入蟹蓋焗 10 分鐘至金黃色
   即成。

選用中國傳統香料炮製，慢火細燜，
肉質香軟嫩滑，甘香細緻，令人回味！

❋ 材　料
牛尾	4 磅
鹽	適量
生粉	適量

❋ 配　料
薑	30 克
乾蔥頭	30 克
蒜頭	30 克

❋ 調味料
柱侯醬	40 克
蠔油	40 克
老抽	40 克
冰糖	10 克

❋ 香　料
草果	4 克
八角	2 克
丁香	少許

❋ 做　法

1. 牛尾切段，撲上生粉，備用。
2. 燒滾油，先炸配料，再炸牛尾。
3. 牛尾汆水去掉油分，並去除牛尾的羶味。
4. 瓦煲內放入竹笪，加入牛尾、配料、調味料及香料，
   加清水覆蓋牛尾燜 3 小時，燜至牛尾軟脸，以鹽調味，
   勾芡即成。

嚴選少肥多汁的梅頭肉，蘸上脆漿料炸至香脆，
拌上調味適中的糖醋汁，帶一陣陣陳皮果香，
成為一道芳香味美的佳餚！

材 料

梅頭肉	230 克
青、紅、黃甜椒	50 克
菠蘿肉	適量
陳皮絲	適量

脆漿料

生粉水	1 湯匙
乾生粉	150 克

糖醋汁

白醋	600 克
片糖	480 克
砂糖	150 克
梅子	120 克
山楂餅	80 克
茄汁、OK 汁、喼汁、鹽	各適量

做 法

1. 生粉水和梅頭肉拌勻，蘸上乾生粉。
2. 熱鑊燒油，把沾好生粉的梅頭肉落鑊炸熟至脆，盛起。
3. 甜椒及菠蘿肉放入鑊內炒香，加入糖醋汁煮至濃稠，下
   生粉勾芡，放入已炸的梅頭肉及陳皮絲開火拌勻，上碟
   即可品嘗。

編著者
富臨飯店

校訂
邱威廉

責任編輯
簡詠怡

撰文
黃夏柏

裝幀設計
羅美齡

排版
辛紅梅

出版者
萬里機構出版有限公司
香港北角英皇道 499 號北角工業大廈 20 樓
電話：2564 7511　傳真：2565 5539
電郵：info@wanlibk.com
網址：http://www.wanlibk.com
　　　http://www.facebook.com/wanlibk

發行者
香港聯合書刊物流有限公司
香港荃灣德士古道 220-248 號荃灣工業中心 16 樓
電話：2150 2100　傳真：2407 3062
電郵：info@suplogistics.com.hk
網址：http://www.suplogistics.com.hk

承印者
中華商務彩色印刷有限公司
香港新界大埔汀麗路 36 號

出版日期
二〇二二年十一月第一次印刷

規格
大 16 開（190 mm × 255 mm）